对接世界技能大赛技术标准创新系列教材

技工院校一体化课程教学改革工业机器人应用与维护专业教材

工业机器人工作站故障诊断与排除

人力资源社会保障部教材办公室　组织编写

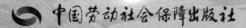
中国劳动社会保障出版社

world **skills**
China

内容简介

本套教材为对接世赛标准深化一体化课程教学改革工业机器人应用与维护专业教材，本书对接世赛机器人系统集成等项目，学习目标融入世赛要求，学习内容对接世赛技能标准，考核评价方法参照世赛评分方案，并设置了世赛知识栏目。

本书主要内容包括工作站零点丢失故障检修、工作站焊接设备无电流故障检修、工作站伺服系统故障检修和工作站控制系统故障检修四个学习任务。

图书在版编目（CIP）数据

工业机器人工作站故障诊断与排除 / 人力资源社会保障部教材办公室组织编写 . -- 北京：中国劳动社会保障出版社，2022

对接世界技能大赛技术标准创新系列教材 技工院校一体化课程教学改革工业机器人应用与维护专业教材

ISBN 978-7-5167-5218-0

I.①工… Ⅱ.①人… Ⅲ.①工业机器人 – 工作站 – 故障诊断 – 教材②工业机器人 – 工作站 – 故障修复 – 教材 Ⅳ.①TP242.2

中国版本图书馆 CIP 数据核字（2022）第 019870 号

中国劳动社会保障出版社出版发行

（北京市惠新东街 1 号 邮政编码：100029）

*

北京市白帆印务有限公司印刷装订 新华书店经销

880 毫米 × 1230 毫米 16 开本 8.5 印张 194 千字

2022 年 3 月第 1 版 2022 年 3 月第 1 次印刷

定价：21.00 元

读者服务部电话：（010）64929211/84209101/64921644

营销中心电话：（010）64962347

出版社网址：http://www.class.com.cn

http://jg.class.com.cn

对接世界技能大赛技术标准创新系列教材

序

　　世界技能大赛由世界技能组织每两年举办一届，是迄今全球地位最高、规模最大、影响力最广的职业技能竞赛，被誉为"世界技能奥林匹克"。我国于2010年加入世界技能组织，先后参加了五届世界技能大赛，累计取得36金、29银、20铜和58个优胜奖的优异成绩。第46届世界技能大赛将在我国上海举办。2019年9月，习近平总书记对我国选手在第45届世界技能大赛上取得佳绩作出重要指示，并强调，劳动者素质对一个国家、一个民族发展至关重要。技术工人队伍是支撑中国制造、中国创造的重要基础，对推动经济高质量发展具有重要作用。要健全技能人才培养、使用、评价、激励制度，大力发展技工教育，大规模开展职业技能培训，加快培养大批高素质劳动者和技术技能人才。要在全社会弘扬精益求精的工匠精神，激励广大青年走技能成才、技能报国之路。

　　为充分借鉴世界技能大赛先进理念、技术标准和评价体系，突出"高、精、尖、缺"导向，促进技工教育与世界先进标准接轨，完善我国技能人才培养模式，全面提升技能人才培养质量，人力资源社会保障部于2019年4月启动了世界技能大赛成果转化工作。根据成果转化工作方案，成立了由世界技能大赛中国集训基地、一体化课改学校，以及竞赛项目中国技术指导专家、企业专家、出版集团资深编辑组成的对接世界技能大赛技术标准深化专业课程改革工作小组，按照创新开发新专业、升级改造传统专业、深化一体化专业课程改革三种对接转化原则，以专业培养目标对接职业描述、专业课程对接世界技能标准、课程考核与评价对接评分方案等多种操作模式和路径，同时融入健康与安全、绿色与环保及可持续发展理念，开发与世界技能大赛项目对接的专业人才培养方案、教材及配套教学资源。首批对接 19 个世界技能大赛项目共 12 个专业的成果将于 2020—2021 年陆续出版，主要用于技工院校日常专业教学工作中，充分发挥世界技能大赛成果转化对技工院校技能人才的引领示范作用。在总结经验及调研的基础上选择新的对接项目，陆续启动第二批等世界技能大赛成果转化工作。

希望全国技工院校将对接世界技能大赛技术标准创新系列教材，作为深化专业课程建设、创新人才培养模式、提高人才培养质量的重要抓手，进一步推动教学改革，坚持高端引领，促进内涵发展，提升办学质量，为加快培养高水平的技能人才作出新的更大贡献！

2020年11月

工业机器人应用与维护专业一体化教学参考书目录

序号	书名
1	电工基础（第六版）
2	电子技术基础（第六版）
3	机械与电气识图（第四版）
4	机械知识（第六版）
5	电工仪表与测量（第六版）
6	电机与变压器（第六版）
7	安全用电（第六版）
8	电工材料（第五版）
9	可编程序控制器及其应用（三菱）（第四版）
10	可编程序控制器及其应用（西门子）（第二版）
11	电力拖动控制线路与技能训练（第六版）
12	电工技能训练（第六版）
13	工业机器人基础
14	工业机器人操作与编程（ABB）
15	工业机器人操作与编程（FANUC）
16	工业机器人安装与调试
17	工业机器人仿真设计（ABB）
18	工业机器人仿真设计（FANUC）
19	工业机器人维护与保养

目　　录

学习任务一　工作站零点丢失故障检修

学习目标

1. 能描述工业机器人工作站的组成、工作原理及企业对工作站环境、安全、卫生和事故预防等方面的标准，并根据工作站零点丢失故障检修任务单，明确故障现象、检修要求及工时等内容。

2. 能通过查阅工业机器人维修与保养资料，认识零点丢失故障相关零部件，明确零点丢失故障的检修方法和操作要点。

3. 能根据零点丢失故障的检修要求，通过小组讨论，制订合理的检修方案。

4. 能按照生产车间安全防护规定，严格执行安全操作规程。

5. 能根据零点丢失故障的检修要求，领取相关物料，并检查其好坏。

6. 能按照检修要求进行零点丢失故障的检修和整机测试，确保工作站正常运行，并交付项目主管验收。

7. 能按照生产现场"6S"管理规定整理工作现场。

8. 能主动获取有效信息，展示工作成果，对学习与工作进行总结和反思，并与他人开展良好合作，进行有效沟通。

建议学时

16 学时

工作情境描述

某汽车零部件制造企业的 ABB 工业机器人工作站在运行过程中，出现 38200 报警信息，提示零点丢失，设备操作人员向班组长报修，班组长编制故障报告后交付设备维修主管，设备维修主管将维修任务分配给维修人员，要求在 1 天内完成工作站零点丢失故障的检修工作，排除故障后交付验收。

工作流程与活动

1. 明确检修任务（2学时）

2. 检修前的准备（4学时）

3. 制订检修计划（4学时）

4. 检修实施（4学时）

5. 工作总结与评价（2学时）

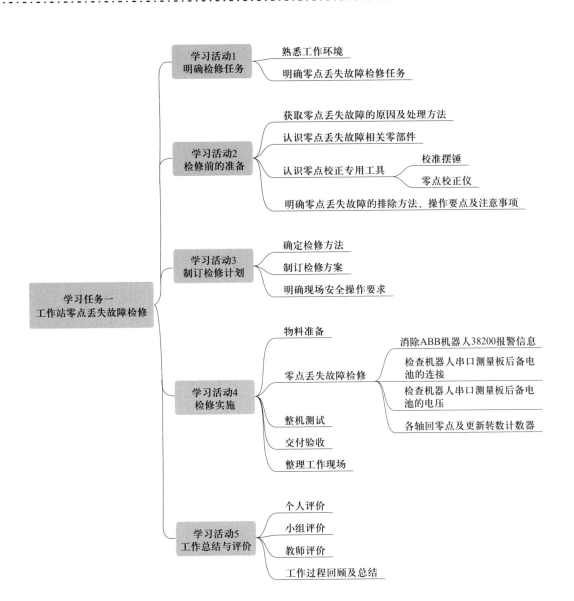

学习活动 1　明确检修任务

 **学习目标**

> 1. 能描述工业机器人工作站的组成、工作原理及企业对工作站环境、安全、卫生和事故预防等方面的标准。
>
> 2. 能根据工作站零点丢失故障检修任务单，明确故障现象、检修要求及工时等内容。
>
> 3. 能通过查阅 ABB 机器人故障排除手册，理解 38200 报警代码的含义。
>
> 建议学时：2 学时

 学习过程

一、熟悉工作环境

1. 现场查看工业机器人工作站的工作环境，明确生产车间和工作区域的范围和限制，认真阅读生产车间的安全操作规章制度，理解企业对环境、安全、卫生和事故预防等方面的标准。

2. 简述工业机器人工作站主要组成设备的名称、作用、工作原理及安全操作注意事项。

二、明确零点丢失故障检修任务

1. 维修人员从维修主管处领取工作站零点丢失故障检修任务单（表 1-1-1），到达现场与客户方维修主管进行沟通，获取工业机器人工作站的参数型号、电路图纸，完善工作站零点丢失故障检修任务单，了解本次工作的基本内容。

表 1-1-1　　　　　　　　　　　　　工作站零点丢失故障检修任务单

单位名称：　　　　　　　　　　　　　　　　工单编号：

设备名称		设备序列号		设备编号	
设备操作人员		设备操作人员电话		工时	
初次发生故障时间		本次发生故障时间		备注	
设备故障日志					
设备操作人员描述故障现象					
初步诊断意见					
设备维修任务要求					
提醒	维修旧件处理：按规定处理				
主管负责人签字		生产班组长签字		维修人员签字	
日期		日期		日期	

2．通过 ABB 机器人故障排除手册查找 38200 报警代码并描述其含义。

学习活动2　检修前的准备

 学习目标

> 1. 能通过查阅工业机器人维修与保养资料，获取零点丢失故障的原因及处理方法。
> 2. 能描述零点丢失故障相关零部件的名称及作用。
> 3. 能描述校准摆锤和零点校正仪等零点校正专用工具的使用方法及注意事项。
> 4. 能描述零点丢失故障的检修方法、操作要点及注意事项。
>
> 建议学时：4学时

 学习过程

一、获取零点丢失故障的原因及处理方法

根据工业机器人维修与保养要点以及零点丢失故障的现象，分析零点丢失故障的原因及处理方法，并填写于表1-2-1中。

表1-2-1　　　　　　　　　　零点丢失故障的现象、原因及处理方法

故障现象	故障原因	处理方法

二、认识零点丢失故障相关零部件

根据工业机器人维修与保养要点，查阅相关技术手册，认识工作站零点丢失故障相关零部件，并填写于表 1-2-2 中。

表 1-2-2　　　　　　　　　　零点丢失故障相关零部件认识

序号	名称	作用	图示
1			
2			
3			
4			

三、认识零点校正专用工具

1. 校准摆锤

查阅相关资料，指出图 1-2-1 所示校准摆锤中各零部件的名称，并简述校准摆锤的使用方法。

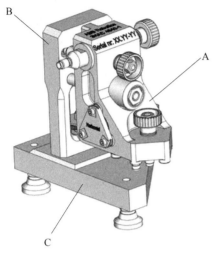

图 1-2-1　校准摆锤

A：_____

B：_____

C：_____

使用方法：_____

_____

_____

_____

_____

_____

2. 零点校正仪

通过查阅相关资料，掌握零点校正仪的使用方法，并将其具体操作与注意事项填写于表 1-2-3 中。

表 1-2-3　　　　　　　　零点校正仪的具体操作与注意事项

步骤	具体操作	注意事项
1		
2		
3		
4		
5		
6		

四、明确零点丢失故障的排除方法、操作要点及注意事项

1. 写出零点丢失故障的排除方法及优缺点（表 1-2-4）。

表 1-2-4 　　　　　　　　　　　零点丢失故障的排除方法及优缺点

序号	排除方法	优点	缺点
1			
2			
3			
4			
5			

2. 针对 ABB 机器人提示的 38200 报警和零点丢失信息，简述消除报警信息并排除零点丢失故障的操作流程。

3. 在消除报警信息并排除零点丢失故障的操作过程中需要注意什么问题？

4．手动操作各轴回零点的顺序是什么？简述如此安排顺序的理由。

5．为什么要进行转数计数器更新？在什么情况下才需要进行更新？

6．通过阅读 ABB 机器人产品手册，简述检查零位的原因。

学习活动3　制订检修计划

 学习目标

> 1. 能根据工业机器人实际故障检修需要，选用合适的检修方法。
>
> 2. 能根据故障检修要求，通过小组讨论，制订合理的检修方案。
>
> 3. 能按照生产车间安全防护规定，严格执行安全操作规程。
>
> 建议学时：4学时

学习过程

一、确定检修方法

工业机器人故障检修的常用方法有直接观察法、电压测量法、电阻测量法、代码观察法等，查阅相关资料，根据具体情况选用合适的检修方法，并记录于表1-3-1中。

表1-3-1　　　　　　　　　　　　工业机器人故障检修的常用方法

检修方法	说明	操作步骤	是否选用
直接观察法	根据设备故障的外观，通过看、闻、听等手段检查、判断故障	1. 调查情况 2. 初步检查（观察火花、动作程序） 3. 试车	是□，否□
电压测量法	根据设备的供电方式，测量各点的电压值与电流值并与正常值比较，从而判断出故障	1. 关键点测量法 2. 分段测量法	是□，否□
电阻测量法	测量电气设备或电路的电阻值并与正常值比较，从而判断出故障	1. 关键点测量法 2. 分段测量法	是□，否□
代码观察法	观察设备显示的故障代码信息，通过查阅相关资料，从而判断出故障	1. 观察故障代码信息 2. 查阅资料	是□，否□

二、制订检修方案

1．勘察检修现场，根据工作站零点丢失故障的检修要求，进行小组讨论，制订检修方案（表 1-3-2）。

表 1-3-2　　　　　　　　　　　　　　检修方案表

1．机器人设备型号	
2．检修所需工具、设备、资料	
3．故障现象及原因	（1）
	（2）
	（3）
	（4）
	（5）
	（6）
	（7）

4．故障检修流程

```
┌──────────────────┐
│  零点丢失故障排查  │
└──────────────────┘
          ↓
┌──────────────────┐
│   消除38200报警    │
└──────────────────┘
          ↓
      ╱────────╲          否    ┌────────┐
    ╱ 检查机器人  ╲ ───────────→│        │
   ╱ 串口测量板的后备电池╲       └────────┘
   ╲ 是否连接到电路板 ╱
      ╲────────╱
          │是
      ╱────────╲          否    ┌────────┐
    ╱ 检查机器人  ╲ ───────────→│        │
   ╱ 串口测量板的后备电池╲       └────────┘
   ╲ 电压是否正常 ╱
      ╲────────╱
          │是
      ╱────────╲          否    ┌────────┐
    ╱          ╲ ───────────→│        │
    ╲          ╱              └────────┘
      ╲────────╱
          │是
      ┌────────┐
      │   结束   │
      └────────┘
```

5．人员分工

组员（职位）	工作内容	计划完成时间

13

2．制订检修方案后，需要对方案内容进行可行性研究，并对实施地点、准备工作及过程等细节进行探讨和分析，以保证后续检修工作安全、可靠地执行。以小组为单位就以上问题进行讨论，并根据讨论结果完善检修方案，记录主要修改内容。

三、明确现场安全操作要求

1．认识工业机器人工作现场的安全标志，理解其含义，并将表 1-3-3 中的内容补充完整。

表 1-3-3　　　　　　　　　　工业机器人工作现场的安全标志及其含义

安全标志	含义	安全标志	含义
⚠	警告	⚡	
		🚫🔧	
✋		💥	储能，警告此部件蕴含储能
bar max（压力表）	压力，警告此部件承受了压力	🚫	
🚫👣		❗	

2．简述工作站零点丢失故障检修的安全操作规程。

学习活动 4 检 修 实 施

学习目标

1. 能根据故障检修要求，领取相关物料，并检查其好坏。

2. 能消除 ABB 机器人 38200 报警信息。

3. 能正确检查机器人串口测量板后备电池的连接。

4. 能正确测量机器人串口测量板后备电池的电压并更换故障电池。

5. 能正确进行各轴回零点操作并更新转数计数器。

6. 能对工作站进行整机测试，确保其正常工作，并交付项目主管验收。

7. 能按生产现场"6S"管理规定整理工作现场。

建议学时：4 学时

学习过程

一、物料准备

根据工作站零点丢失故障检修流程的要求，在组长的带领下，就物料的名称、数量和规格进行核对，填写故障检修物料单（表 1-4-1），为物料领取提供凭证。

表 1-4-1　　　　　　　　　　　故障检修物料单

检修人员			时间	
用户单位			用户地址	
领用人员			归还人员	

序号	物料名称	数量	单位	规格	归还检查
1					完好□，损坏□
2					完好□，损坏□

续表

序号	物料名称	数量	单位	规格	归还检查
3					完好□，损坏□
4					完好□，损坏□
5					完好□，损坏□
6					完好□，损坏□
7					完好□，损坏□
8					完好□，损坏□
9					完好□，损坏□
10					完好□，损坏□
11					完好□，损坏□
12					完好□，损坏□
13					完好□，损坏□
14					完好□，损坏□

二、零点丢失故障检修

1．消除 ABB 机器人 38200 报警信息

根据屏幕提示信息，38200 报警是由于机器人串口测量板的后备电池电量不足引起的，根据表 1-4-2 中的图示，写出消除 38200 报警信息的具体实施要点。

表 1-4-2　　　　　　　　　　　消除 38200 报警信息

步骤	图示	具体实施要点
1	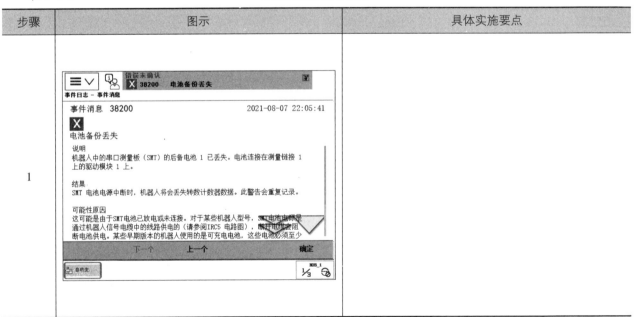	

续表

步骤	图示	具体实施要点
2		
3		

2. 检查机器人串口测量板后备电池的连接

根据表 1-4-3 中的图示，写出检查机器人串口测量板后备电池连接的具体实施要点。

表 1-4-3　　　　　　　　　　检查机器人串口测量板后备电池的连接

步骤	图示	具体实施要点
1	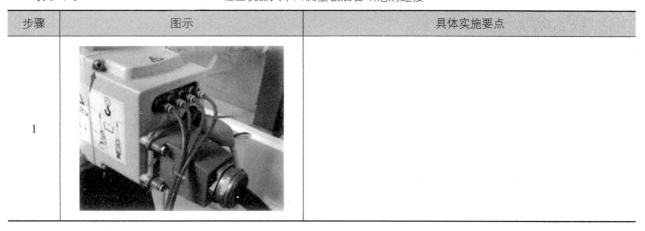	

续表

步骤	图示	具体实施要点
2		
3		
4	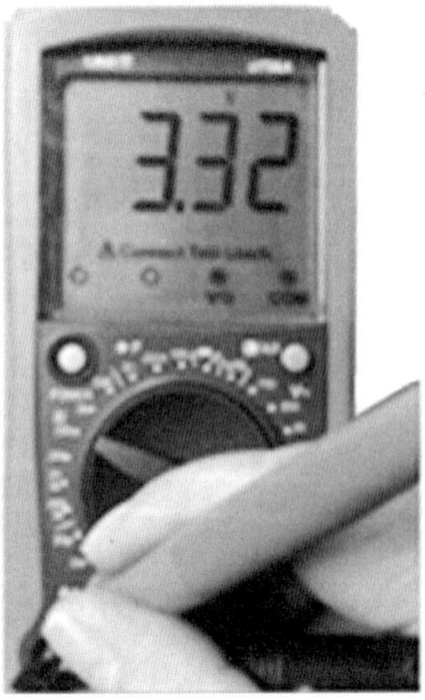	正常□，不正常□

3．检查机器人串口测量板后备电池的电压

根据表1-4-4中的图示，写出检查机器人串口测量板后备电池电压的具体实施要点。

表1-4-4　　　　　　　　　　　检查机器人串口测量板后备电池的电压

步骤	图示	具体实施要点
1	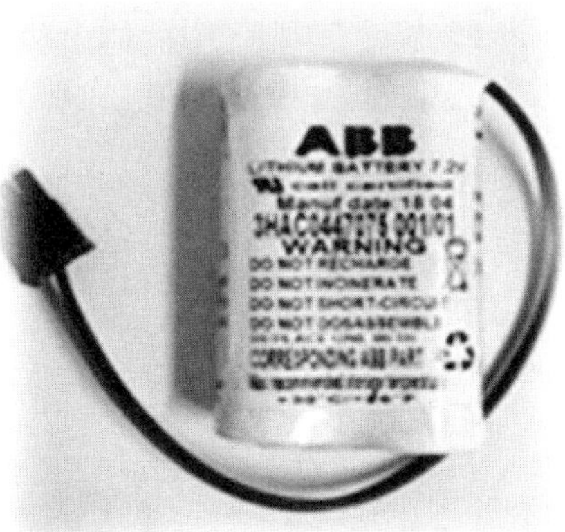	
2	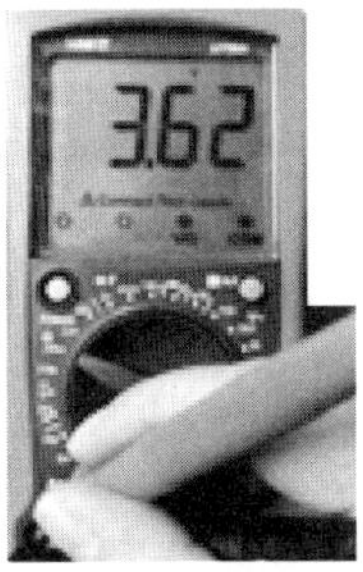 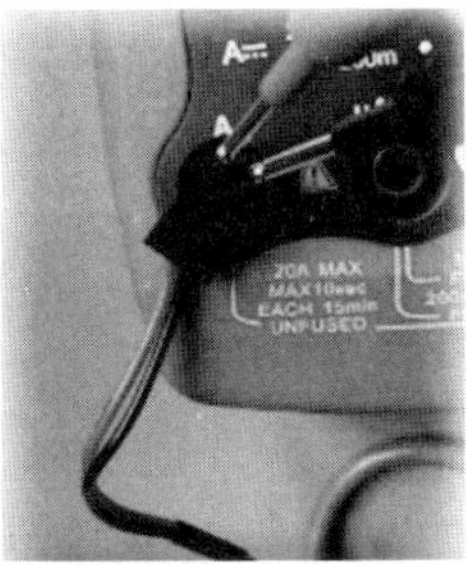	正常□，不正常□
3	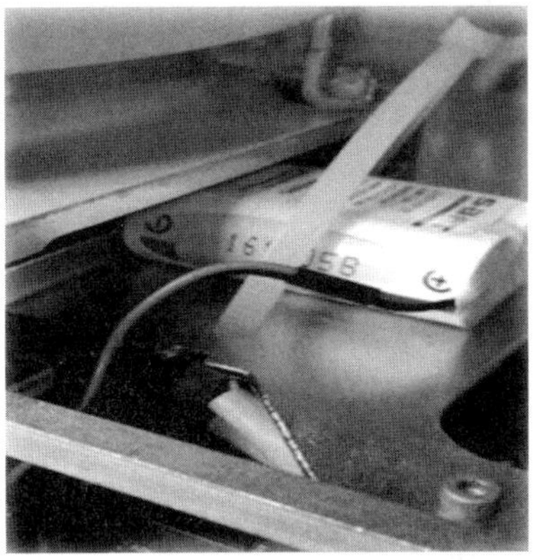	
4		

4．各轴回零点及更新转数计数器

根据表 1-4-5 中的图示，写出各轴回零点及更新转数计数器的具体实施要点。

表 1-4-5 　　　　　　　　　　　　各轴回零点及更新转数计数器

步骤	图示	具体实施要点
1	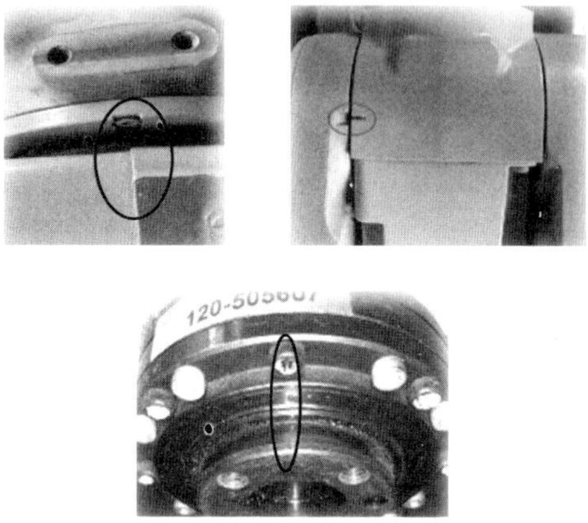	
2	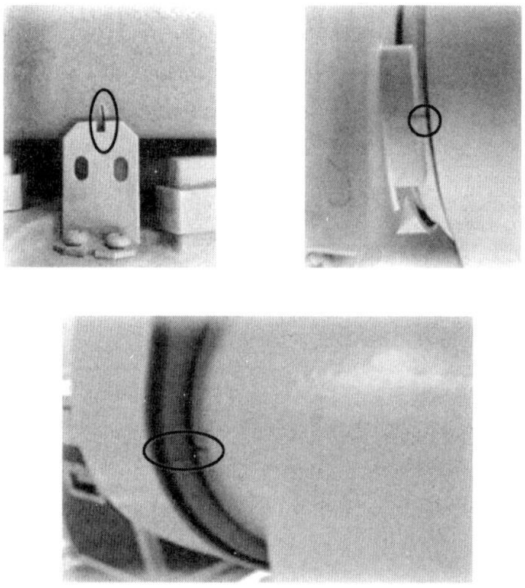	
3	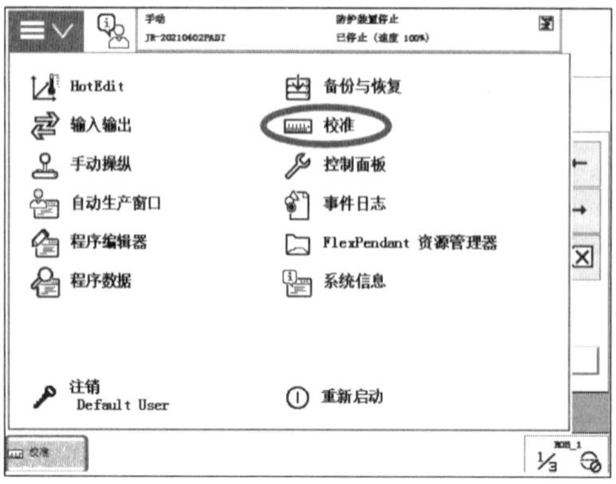	

续表

步骤	图示	具体实施要点
4	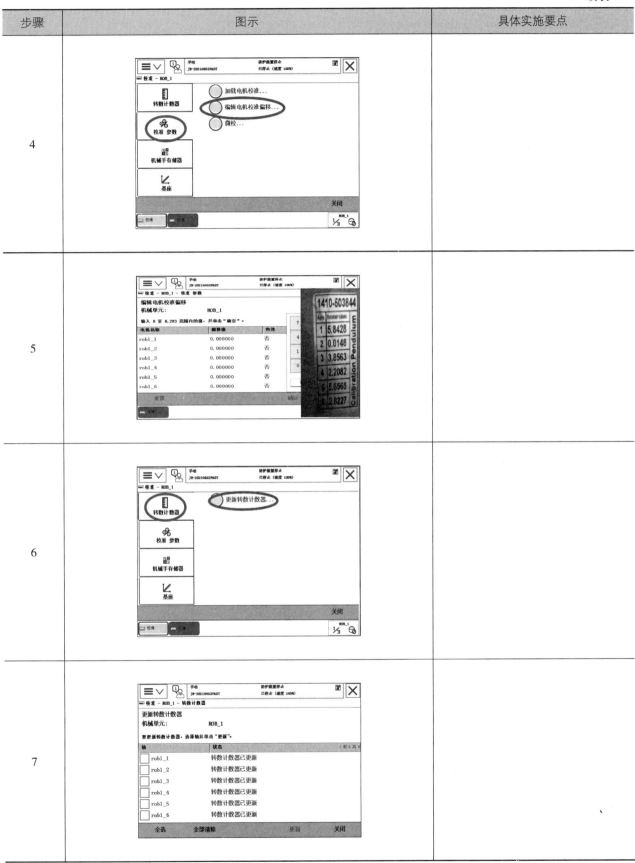	
5		
6		
7		

小提示

工业机器人通过闭环伺服系统控制机器人的各轴运动，即控制器输出控制命令对每个电动机分别进行驱动，而电动机上的串行脉冲编码器的反馈装置会把信号反馈给控制器，在机器人操作过程中，控制器不断地分析反馈信号，并适时修改命令信号，从而使机器人各轴在整个运动过程中一直保持正确的位置和速度。

控制器必须要知道每个轴的位置，再通过比较操作过程中读取的串行脉冲编码器的信号与机器人上已知的机械参考点信号的差异，达到机器人准确地按原定位置进行移动的目的。

零点复位过程就是读取已知机械参考点的串行脉冲编码器信号的过程，将零点复位数据与其他用户数据一起保存在控制器数据备份中，并在未连接电源时由电池能源保持数据。当控制器在正常条件下关闭电源时，每个串行脉冲编码器的当前数据将保持在脉冲编码器中，由机器人上的后备电池提供能源；当控制器重新上电时，控制器则请求从脉冲编码器读取数据；当控制器收到脉冲编码器的数据后，伺服系统才可以进行正确的操作。也就是说，校准过程是由机器人本身在每次控制器开启时自动进行的过程。如果控制器未连接电源时断开了脉冲编码器的后备电池，则上电时校准操作将失败，机器人唯一可能做的动作只有关节模式的手动操作。如需还原正确的操作，必须对机器人重新进行零点复位与校准。

三、整机测试

1. 根据 ABB 机器人操作手册，进行自检和整机测试，并填写自检和整机测试表（表 1-4-6）。

表 1-4-6　　　　　　　　　　　　　自检和整机测试表

步骤	自检内容	自检和整机测试情况
1	是否确保操作安全	是□，否□
2	是否满足企业"6S"管理规定	是□，否□
3	是否存在报警现象	是□，否□
4	设备是否正常运行	是□，否□
5	零部件工艺是否达标	是□，否□
6	现场是否恢复	是□，否□
7	废弃物品是否按规定处理	是□，否□
8	是否存在其他情况	是□，否□

2．如果你需要向客户进行说明，你会给客户提供哪些设备使用和保养建议？

四、交付验收

按验收标准对零点丢失故障检修结果进行试机验收，填好售后服务卡（表 1-4-7），并存档。

表 1-4-7　　　　　　　　　　　　售后服务卡

客户单位：　　　　　　　　　　派工日期：　　　　　　　No.

客户姓名		客户代码		联系电话	
客户地址					
派单人员签名		消耗品去向			
维修人员签名		预约时间			
维修情况说明	故障现象及原因				
	处理方法及结果		检验结论	合格□，不合格□	
	完成时间		客户代表		
	未完工情况		服务满意度	满意□，一般□，不满意□	
	备注				

五、整理工作现场

按生产现场"6S"管理规定整理工作现场、清除作业垃圾，经指导教师检查合格后方可离开工作现场。

学习活动5　工作总结与评价

 **学习目标**

　　1. 能展示工作成果，说明本次任务的完成情况，并进行分析总结。

　　2. 能结合自身任务完成情况，正确、规范地撰写工作总结。

　　3. 能就本次任务中出现的问题提出改进措施。

　　4. 能主动获取有效信息，展示工作成果，对学习与工作进行总结和反思，并与他人开展良好合作，进行有效沟通。

　　建议学时：2学时

 学习过程

一、个人评价

按表1-5-1所列评分标准进行个人评价。

表1-5-1　　　　　　　　　　　　　　个人综合评价表

项目	序号	技术要求	配分/分	评分标准	得分
工作组织与管理（15%）	1	任务单的填写	3	每错一处扣1分，扣完为止	
	2	有效沟通、团队协作	3	不符合要求不得分	
	3	按时完成工作页的填写	3	未完成不得分	
	4	安全操作	3	违反安全操作不得分	
	5	绿色、环保	3	不符合要求，每次扣1分，扣完为止	
工具使用（5%）	6	正确使用拆装工具	1	不正确、不合理不得分	
	7	正确使用万用表	2	不正确、不合理不得分	
	8	正确使用零点校正专用工具	2	不正确、不合理不得分	

续表

项目	序号	技术要求	配分/分	评分标准	得分
资料收集与使用（10%）	9	能利用网络资源收集资料	2	每收集到一个知识点得1分，满分2分	
	10	能通过查阅工具书收集、整理资料	2	每收集到一个知识点得1分，满分2分	
	11	能运用办公软件编写工作总结并分享	6	能运用办公软件编写总结得3分，能在课上分享自己的总结得3分	
检修质量（70%）	12	消除38200报警信息正确	5	不正确不得分	
	13	检查串口测量板后备电池连接正确	5	不正确不得分	
	14	测量电池电压与更换电池正确	10	能正确使用工具测量电池电压得2分；能根据测量结果判断电池好坏得4分；能正确更换电池得4分	
	15	各轴回零点正确	20	各轴回零点顺序正确得10分；各轴回零点位置正确得10分；每错一处扣1分，扣完为止	
	16	转数计数器更新正确	10	不正确不得分	
	17	设备检修完成后能正常工作	15	检修后工作站仍然不能工作不得分	
	18	能正确填写售后服务卡	5	每缺或错一处扣1分，扣完为止	
合计			100	总得分	

二、小组评价

以小组为单位，选择演示文稿、展板、海报、视频等形式中的一种或几种，向全班展示、汇报检修成果。在展示的过程中，以小组为单位进行评价；评价完成后，根据其他小组成员对本组展示成果的评价意见进行归纳总结。

三、教师评价

认真听取教师对本小组展示成果优缺点以及在完成任务过程中出现的亮点和不足的评价意见，并做好记录。

1．教师对本小组展示成果优点的点评。

2．教师对本小组展示成果缺点及改进方法的点评。

3．教师对本小组在整个任务完成过程中出现的亮点和不足的点评。

四、工作过程回顾及总结

1．在本次学习过程中，你完成了哪些工作任务？你是如何做的？还有哪些需要改进的地方？

2．总结完成工作站零点丢失故障检修任务过程中遇到的问题和困难，列举 2 ~ 3 点你认为比较值得和其他同学分享的工作经验。

3．回顾本学习任务的工作过程，对新学专业知识和技能进行归纳和整理，撰写工作总结。

工 作 总 结

评价与分析

学习任务一综合评价表

班级：_____　　姓名：_____　　学号：_____

项目	自我评价 （占总评10%）	小组评价 （占总评30%）	教师评价 （占总评60%）
学习活动1			
学习活动2			
学习活动3			
学习活动4			
学习活动5			
协作精神			
纪律观念			
表达能力			
工作态度			
安全意识			
任务总体表现			
小计			
总评			

任课教师：　　年　　月　　日

世赛知识

"机器人系统集成"赛项典型工作任务

第一届全国职业技能大赛世赛项目"机器人系统集成"主要要求完成如下典型工作任务。

任务 1：设备零部件 3D 建模、布局设计、机械安装

1．零部件 3D 建模和绘图。

2．布局设计。

3．机械安装。

任务 2：电路设计、电路连接、气路连接

1．电气控制线路设计、连接。

2．气路安装。

3．电气安全检测。

任务 3：用户文档编制

任务 4：工业机器人自动化编程与调试

1．PLC 编程及调试。

2．机器人系统文件和程序文件备份。

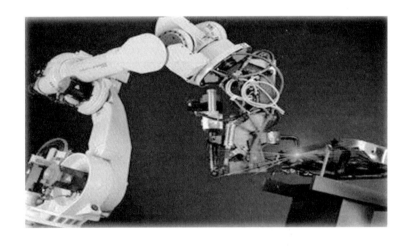

学习任务二　工作站焊接设备无电流故障检修

 学习目标

1. 能描述工业机器人焊接工作站的组成、工作原理及企业对工作站环境、安全、卫生和事故预防等方面的标准，并根据工作站焊接设备无电流故障检修任务单，明确故障现象、检修要求及工时等内容。

2. 能通过查阅维修手册，了解工作站焊接设备无电流故障的原因及处理方法。

3. 能正确绘制工业机器人焊接工作站线路连接简图。

4. 能根据焊接设备无电流故障的检修要求，通过小组讨论，制订合理的检修方案。

5. 能按照生产车间安全防护规定，严格执行安全操作规程。

6. 能根据焊接设备无电流故障的检修要求，领取相关物料，并检查其好坏。

7. 能按照检修要求进行焊接设备无电流故障的软、硬件排查，零点位置校准和整机测试，确保工作站正常运行，并交付项目主管验收。

8. 能按照生产现场"6S"管理规定整理工作现场。

9. 能主动获取有效信息，展示工作成果，对学习与工作进行总结和反思，并与他人开展良好合作，进行有效沟通。

建议学时

20 学时

工作情境描述

在生产过程中，某汽车零部件制造企业的 ABB 工业机器人焊接工作站（图 2-0-1）的触摸屏出现焊接设备无电流故障报警提示信息，设备操作人员向班组长报修，班组长编制故障报告后交付设备维修主管，设备维修主管将维修任务分配给维修人员，要求在两天内完成工作站焊接设备无电流故障的检修工作，排除故障后交付验收。

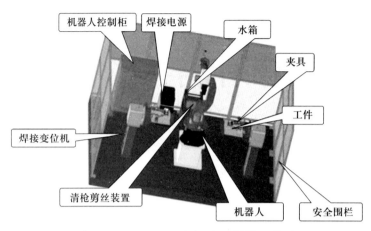

图 2-0-1　ABB 工业机器人焊接工作站

工作流程与活动

1．明确检修任务（2 学时）

2．检修前的准备（4 学时）

3．制订检修计划（4 学时）

4．检修实施（8 学时）

5．工作总结与评价（2 学时）

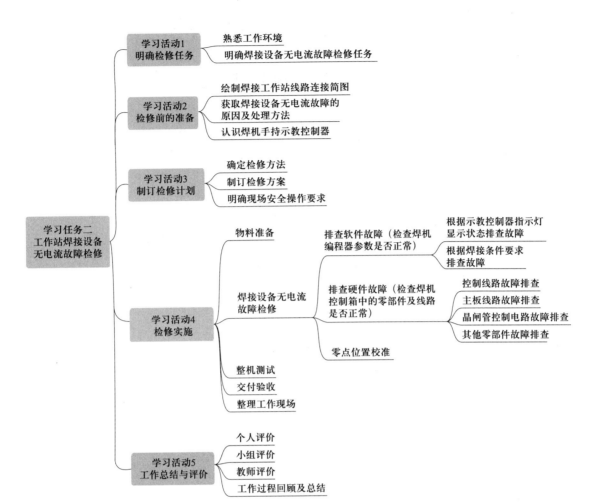

学习活动1 明确检修任务

 **学习目标**

> 1. 能描述工业机器人焊接工作站的组成、工作原理及企业对工作站环境、安全、卫生和事故预防等方面的标准。
>
> 2. 能根据工作站焊接设备无电流故障检修任务单，明确故障现象、检修要求及工时等内容。
>
> 3. 能通过查阅ABB机器人故障排除手册，获取工作站焊接设备无电流故障的原因。
>
> 建议学时：2学时

 学习过程

一、熟悉工作环境

1. 现场查看工业机器人焊接工作站的工作环境，明确生产车间和工作区域的范围和限制，认真阅读焊接生产车间的安全操作规章制度，理解企业对环境、安全、卫生和事故预防等方面的标准。

2. 简述工业机器人焊接工作站主要组成设备的名称、作用、工作原理及安全操作注意事项。

二、明确焊接设备无电流故障检修任务

1．维修人员从维修主管处领取工作站焊接设备无电流故障检修任务单（表 2-1-1），到达现场与客户方维修主管进行沟通，获取工业机器人焊接工作站的参数型号、电路图纸，完善工作站焊接设备无电流故障检修任务单，了解本次工作的基本内容。

表 2-1-1　　　　　　　　　工作站焊接设备无电流故障检修任务单

单位名称：　　　　　　　　　　　　　　　　工单编号：

设备名称		设备序列号		设备编号	
设备操作人员		设备操作人员电话		工时	
初次发生故障时间		本次发生故障时间		备注	
设备故障日志					
设备操作人员描述故障现象					
初步诊断意见					
设备维修任务要求					
提醒	维修旧件处理：按规定处理				
主管负责人签字		生产班组长签字		维修人员签字	
日期		日期		日期	

2．记录触摸屏上显示的报警代码信息，通过 ABB 机器人故障排除手册查找该报警代码并描述其含义。

学习活动 2　检修前的准备

 **学习目标**

> 1. 能正确绘制焊接工作站线路连接简图。
>
> 2. 能通过查阅维修手册，获取焊接设备无电流故障的原因及处理方法。
>
> 3. 能正确使用焊机手持示教控制器。
>
> 建议学时：4 学时

 学习过程

一、绘制焊接工作站线路连接简图

根据工业机器人焊接工作站实际设备，查阅相关手册，绘制工业机器人焊接工作站主要零部件的线路连接简图。

二、获取焊接设备无电流故障的原因及处理方法

根据报警代码及故障现象，查阅维修手册，填写焊接设备无电流故障对应的故障原因及处理方法（表 2-2-1）。

表 2-2-1　　　　　　　　　　　焊接设备无电流故障对应的故障原因及处理方法

现象	故障原因	处理方法
触摸屏报警信息"050 No Current"提示焊接设备无电流		
	二次电缆断开	
	控制器触发电路故障	
		重新装配
		更换晶闸管
		更换相关零部件

三、认识焊机手持示教控制器

通过查阅相关资料，掌握焊机示教控制器（编程器）的使用方法，并填写于表 2-2-2 中。

表 2-2-2　　　　　　　　　　　焊机示教控制器（编程器）的使用方法

使用方法	图示
1.	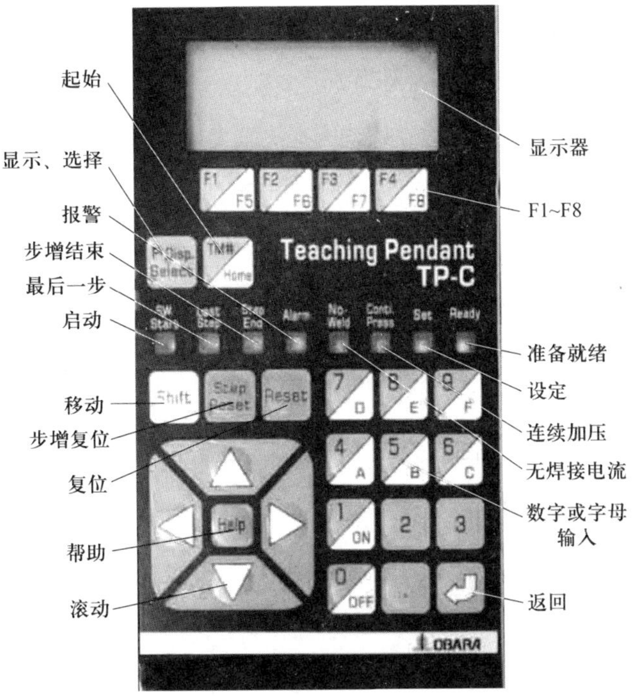
2.	
3.	
4.	
5.	
6.	
7.	

学习活动 3　制订检修计划

 **学习目标**

> 1. 能根据工业机器人实际故障检修需要，选用合适的检修方法。
>
> 2. 能根据故障检修要求，通过小组讨论，制订合理的检修方案。
>
> 3. 能按照生产车间安全防护规定，严格执行安全操作规程。
>
> 建议学时：4 学时

 学习过程

一、确定检修方法

工业机器人故障检修的常用方法有直接观察法、电压测量法、电阻测量法、代码观察法等，查阅相关资料，根据具体情况选用合适的检修方法，并记录于表 2-3-1 中。

表 2-3-1　　　　　　　　　　工业机器人故障检修方法的选用

检修方法	是否选用	检修方法	是否选用
直接观察法	是□，否□	电阻测量法	是□，否□
电压测量法	是□，否□	代码观察法	是□，否□

二、制订检修方案

1. 勘察检修现场，根据工作站焊接设备无电流故障的检修要求，进行小组讨论，制订检修方案（表 2-3-2）。

表 2-3-2　　　　　　　　　　　　　　检修方案表

1．机器人设备型号		
2．检修所需工具、设备、资料		
3．故障现象及原因	（1）	
	（2）	
	（3）	
	（4）	
	（5）	
	（6）	
	（7）	
4．故障检修流程		

5．人员分工	组员（职位）	工作内容	计划完成时间

2．制订检修方案后，需要对方案内容进行可行性研究，并对实施地点、准备工作及过程等细节进行探讨和分析，以保证后续检修工作安全、可靠地执行。以小组为单位就以上问题进行讨论，并根据讨论结果完善检修方案，记录主要修改内容。

三、明确现场安全操作要求

查阅相关资料，明确焊接设备无电流故障检修现场的安全操作要求，口述需要采取安全防护的区域及对应的防护要求与措施，并将表 2-3-3 补充完整。

表 2-3-3　　　　　　　　　　焊接设备无电流故障检修现场的安全操作要求

序号	防护区域	防护要求	主要措施
1	工作区域的防护措施	（1）设备的防护	
		（2）警告标志	
		（3）防护屏板	
		（4）焊接隔间	
2	操作人员人身防护	（1）眼睛及面部防护	护目镜、面罩
		（2）身体防护	焊接手套、工作服
3	气瓶的运输、放置与储存	（1）标识清晰	
		（2）远离易燃易爆物品	
		（3）安放牢固	采用固定支架、防振胶圈
		（4）与焊接作业点保持足够的安全距离	

学习活动4　检 修 实 施

 **学习目标**

> 1. 能根据故障检修要求，领取相关物料，并检查其好坏。
>
> 2. 能根据示教控制器指示灯显示状态和焊接条件要求排查软件故障。
>
> 3. 能规范、熟练地使用万用表等通用工具，对焊机ST21控制箱中的晶闸管及其他零部件、主板及外围设备电缆、接线端口等进行故障检查和维修。
>
> 4. 能正确进行工业机器人零点位置校准。
>
> 5. 能对焊接工作站进行整机测试，确保其正常工作，并交付项目主管验收。
>
> 6. 能按生产现场"6S"管理规定整理工作现场。
>
> 建议学时：8学时

 学习过程

一、物料准备

根据工作站焊接设备无电流故障检修流程的要求，在组长的带领下，就物料的名称、数量和规格进行核对，填写故障检修物料单（表2-4-1），为物料领取提供凭证。

表 2-4-1　　　　　　　　　　　　　故障检修物料单

检修人员				时间	
用户单位				用户地址	
领用人员				归还人员	

序号	物料名称	数量	单位	规格	归还检查
1					完好□，损坏□
2					完好□，损坏□
3					完好□，损坏□
4					完好□，损坏□
5					完好□，损坏□
6					完好□，损坏□
7					完好□，损坏□
8					完好□，损坏□
9					完好□，损坏□
10					完好□，损坏□
11					完好□，损坏□
12					完好□，损坏□
13					完好□，损坏□
14					完好□，损坏□

二、焊接设备无电流故障检修

1．排查软件故障（检查焊机编程器参数是否正常）

阅读小原系列座式点焊机使用说明书，获取焊机正常运行的条件参数，从而在进行参数检查后，找到小原焊机编程器故障报警提示信息"050 No Current"的排除方法。

（1）根据示教控制器指示灯显示状态排查故障

示教控制器指示灯说明见表 2-4-2，根据示教控制器指示灯说明和报警提示信息，在示教控制器指示灯故障对策表（表 2-4-3）中填写各故障原因对应的处理方法。

表 2-4-2　　　　　　　　　　　　　示教控制器指示灯说明

指示灯	显示状态说明
Ready	控制器完成初始化处理，IO 通过通信接收初始数据，示教控制器准备接收焊接数据时，灯亮
No-Weld	示教控制器处于"Weld OFF"方式时，灯亮
Conti.Press	示教控制器处于"Weld OFF"方式且焊枪压力控制处于连续加压模式时，灯亮
Set	示教控制器处于数据设定方式时，灯亮

续表

指示灯	显示状态说明
SW. Start	示教控制器的启动开关接通时，灯亮
Last Step	示教控制器进入最后一步时，灯亮
Step End	示教控制器进入步增结束阶段时，灯亮
Alarm	示教控制器检测出故障时，灯亮

表 2-4-3　　　　　　　　　　　　示教控制器指示灯故障对策表

现象	故障原因	处理方法
触摸屏报警信息"050 No Current"提示焊接设备无电流	示教控制器上"No-Weld"指示灯亮，参数"Pq Remote I/O"设定为"开"	
	示教控制器上"No-Weld"指示灯亮，示教控制器模式设定为焊接停用或连续加压模式	
	示教控制器上"No-Weld"指示灯亮，参数"Pn Test Mode"设定不为"0"	

（2）根据焊接条件要求排查故障

焊接机器人工作站的焊接电流、通电时间和电极加压力是焊接的三大条件，必须根据焊接材料的板厚、焊接强度、熔核直径等设置对应的焊接电流、通电时间和电极加压力，才能保证焊接机器人工作站正常工作。

1）查阅相关资料，明确焊机的焊接条件要求，并填写于表 2-4-4 中。

表 2-4-4　　　　　　　　　　　　　焊接条件要求

板厚 /mm	通电时间 /min	电极加压力 /kN	焊接电流 /A	熔核直径 /mm	焊接强度 ×（1±14%）/kN

2）查阅焊机示教控制器指示灯说明和焊接参数，并与正确的参数相比较，简述焊机哪些参数存在异常。

3）通过查阅相关手册，进行参数故障排除，并列出修正焊机编程器参数的步骤。

 小提示

检修小原焊机的注意事项

打开控制箱门板，拆装主板、晶闸管等内部零部件前应注意以下内容。

1. 确认已断开控制箱外部的电源开关。

2. 控制箱门板上的指示灯为熄灭状态。

在切断供电电源进行检修时应注意以下内容。

1. 进行检修前，必须切断电源和焊接电流，用电压表（AC 500 V）确认后，再进行检修。

2. 在电源正常供电的情况下，电源指示灯可能由于已烧坏而导致不亮，必须通过切换主电源开关确认电源指示灯是否能正常显示（要确认亮和灭两种状态）。

3. 在进行检修时，如果遇到必须接通电源的情况，因为有高压，应避免直接接触二次侧电缆。同时，检修人员必须戴绝缘手套并站在绝缘橡胶板上工作。

4. 在进行检修时，如需把手伸入箱体内部，务必戴上绝缘手套，绝不能露出皮肤进行操作，否则会在零部件尖角处发生划伤手等情况。

5. 不要在照明不良的场所进行检修工作，暗光下工作会造成误操作或接触危险部分而引起严重事故。

2．排查硬件故障（检查焊机控制箱中的零部件及线路是否正常）

（1）控制线路故障排查

1）根据伺服点焊控制框图（图 2-4-1）简述伺服点焊的控制过程。

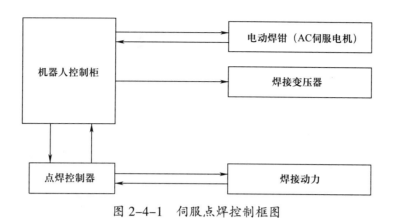

图 2-4-1　伺服点焊控制框图

2）根据相关安装手册，检查机器人电动焊钳的伺服电机控制线路是否正常，并简述其检查过程。

3）检查焊接变压器二次侧电缆。若电缆短路或断开，应重新装配或更换后重新检测，将检测方法填写于表 2-4-5 中。

表 2-4-5　　　　　　　　　　　　　　二次侧电缆检查表

原因	对策	检测方法
电缆短路或断开	重新装配或更换二次侧电缆	

（2）主板线路故障排查

1）认识主板接口及其连接部件。在图2-4-2中填写主板接口的名称，并完成主板接口说明表的填写（表2-4-6）。

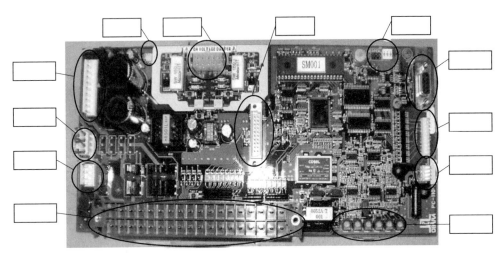

图 2-4-2　主板接口

表 2-4-6　　　　　　　　　　　　　　主板接口说明表

接口	连接部件	说明
CN1		
CN2	主板电源接口	
CN7	4 个 Hold End 输出接口	接插件 1# 为 Hold End 1 输出 接插件 2# 为 Hold End 2 输出

2）根据主板线路排查表，进行主板线路故障排查（表2-4-7）。

表 2-4-7　　　　　　　　　　　　　　主板线路排查表

排查项目	规格或者标准状态	排查结果
焊接电流的测定	焊接电流的值达到要求值	
输入、输出信号线的连接状态检查	无松动	
输入、输出信号线的外伤检查	无外伤、无断线	
接地线的连接状态检查	无松动	
接地线的外伤检查	无外伤、无断线	
电源与焊接变压器连接电缆的接线状态检查	无松动	
电源与焊接变压器连接电缆的外伤检查	无外伤、无断线	
控制箱内部状态检查	控制箱内清洁	
冷却水路检查	冷却水路供水充足	

（3）晶闸管控制电路故障排查

晶闸管控制电路原理图如图 2-4-3 所示。

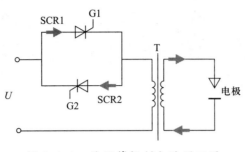

图 2-4-3　晶闸管控制电路原理图

1）查阅相关资料，简述晶闸管控制电路的工作原理。

2）查阅相关资料，了解检测晶闸管控制电路短路或断路的工具、检测方法和对策，并填写于表 2-4-8 中。

表 2-4-8　　　　　　　　　　　　　　　　　晶闸管的检测

原因	工具	检测方法	对策
晶闸管控制电路短路或断路			

知识链接

伺服电焊控制原理

将反向并联的两晶闸管与焊接变压器的一次绕组串联后接于电网，利用触发控制装置使两晶闸管分别在交流电的正负半周接通电源，改变晶闸管的控制角 α，便可实现对焊接变压器二次侧输出电流的调节。图 2-4-4 所示为晶闸管模块。

图 2-4-4　晶闸管模块

（4）其他零部件故障排查

若以上部位均无故障，则进行控制箱中其他零部件故障的排查。若零部件损坏，则用相同型号的零部件进行更换，并将更换步骤及注意事项填写于表 2-4-9 中。

表 2-4-9　　　　　　　　　　　　　　　零部件的更换

步骤	实施过程	注意事项
1．断电		
		使用与原零部件相同规格和型号的零部件
3．通电测试		

3．零点位置校准

在排除工作站焊接设备无电流故障后，还需要使用零点校正方法对该工作站机器人的零点位置进行校准，具体见表 2-4-10。

表 2-4-10　　　　　　　　　　　　　　工业机器人零点位置校准

步骤	操作内容	操作结果记录
1	选择手动操控	
2	选择动作模式	
3	选择工具坐标	

续表

步骤	操作内容	操作结果记录
4	选择移动速度	
5	手动移动机器人各轴到机械零点位置	
6	更新转数计数器	
7	重新启动机器人	

三、整机测试

1．根据 ABB 机器人操作手册，进行自检和整机测试，并填写自检和整机测试表（表 2-4-11）。

表 2-4-11　　　　　　　　　　　　自检和整机测试表

步骤	自检内容	自检和整机测试情况
1	是否确保操作安全	是□，否□
2	是否满足企业"6S"管理规定	是□，否□
3	是否在低速下操作	是□，否□
4	零部件工艺是否达标	是□，否□
5	设备是否正常运行	是□，否□
6	现场是否恢复	是□，否□
7	废弃物品是否按规定处理	是□，否□
8	是否存在其他情况	是□，否□

2．如果你需要向客户进行说明，你会给客户提供哪些设备使用和保养建议？

四、交付验收

按验收标准对焊接设备无电流故障检修结果进行试机验收，填好售后服务卡（表 2-4-12），并存档。

表 2-4-12　　　　　　　　　　　　　售后服务卡

客户单位：　　　　　　　　　　　派工日期：　　　　　　　　　No.

客户姓名		客户代码		联系电话		
客户地址						
派单人员签名		消耗品去向				
维修人员签名		预约时间				
维修情况说明	故障现象及原因					
	处理方法及结果		检验结论		合格□，不合格□	
	完成时间		客户代表			
	未完工情况		服务满意度		满意□，一般□，不满意□	
	备注					

五、整理工作现场

按生产现场"6S"管理规定整理工作现场、清除作业垃圾，经指导教师检查合格后方可离开工作现场。

学习活动5　工作总结与评价

 **学习目标**

> 1. 能展示工作成果，说明本次任务的完成情况，并进行分析总结。
>
> 2. 能结合自身任务完成情况，正确、规范地撰写工作总结。
>
> 3. 能就本次任务中出现的问题提出改进措施。
>
> 4. 能主动获取有效信息，展示工作成果，对学习与工作进行总结和反思，并与他人开展良好合作，进行有效沟通。
>
> 建议学时：2学时

 学习过程

一、个人评价

按表2-5-1所列评分标准进行个人评价。

表2-5-1　　　　　　　　　　　　个人综合评价表

项目	序号	技术要求	配分/分	评分标准	得分
工作组织与管理（15%）	1	任务单的填写	3	每错一处扣1分，扣完为止	
	2	有效沟通、团队协作	3	不符合要求不得分	
	3	按时完成工作页的填写	3	未完成不得分	
	4	安全操作	3	违反安全操作不得分	
	5	绿色、环保	3	不符合要求，每次扣1分，扣完为止	
工具使用（5%）	6	正确使用拆装工具	1	不正确、不合理不得分	
	7	正确使用万用表	2	不正确、不合理不得分	
	8	正确使用零点校正专用工具	2	不正确、不合理不得分	

续表

项目	序号	技术要求	配分/分	评分标准	得分
资料收集 与使用 （10%）	9	能利用网络资源收集资料	2	每收集到一个知识点得1分，满分2分	
	10	能通过查阅工具书收集、整理资料	2	每收集到一个知识点得1分，满分2分	
	11	能运用办公软件编写工作总结并分享	6	能运用办公软件编写总结得3分，能在课上分享自己的总结得3分	
检修质量 （70%）	12	故障判断正确	10	不正确不得分	
	13	焊机编程器参数设定正确	10	（1）故障参数排查正确得5分 （2）按步骤设定正确的参数得5分	
	14	故障零部件及线路维修与更换正确	20	（1）维修与更换步骤合理，方法正确得15分 （2）电路连接、布线符合工艺要求、安全要求和技术要求得5分	
	15	零点位置校准正确	10	（1）各轴回零点顺序正确得4分 （2）各轴回零点位置正确得3分，每错一处扣0.5分，扣完为止 （3）转数计数器更新正确得3分，不正确不得分	
	16	设备检修完成后能正常工作	15	检修后工作站仍然不能工作不得分	
	17	能正确填写售后服务卡	5	每缺或错一处扣1分，扣完为止	
合计			100	总得分	

二、小组评价

以小组为单位，选择演示文稿、展板、海报、视频等形式中的一种或几种，向全班展示、汇报检修成果。在展示的过程中，以小组为单位进行评价；评价完成后，根据其他小组成员对本组展示成果的评价意见进行归纳总结。

三、教师评价

认真听取教师对本小组展示成果优缺点以及在完成任务过程中出现的亮点和不足的评价意见，并做好记录。

1. 教师对本小组展示成果优点的点评。

2．教师对本小组展示成果缺点及改进方法的点评。

3．教师对本小组在整个任务完成过程中出现的亮点和不足的点评。

四、工作过程回顾及总结

1．在本次学习过程中，你完成了哪些工作任务？你是如何做的？还有哪些需要改进的地方？

2．总结完成工作站焊接设备无电流故障检修任务过程中遇到的问题和困难，列举 2 ~ 3 点你认为比较值得和其他同学分享的工作经验。

3．回顾本学习任务的工作过程，对新学专业知识和技能进行归纳和整理，撰写工作总结。

工 作 总 结

评价与分析

学习任务二综合评价表

班级：＿＿＿＿＿＿＿　　　　姓名：＿＿＿＿＿＿＿　　　　学号：＿＿＿＿＿＿＿

项目	自我评价 （占总评10%）	小组评价 （占总评30%）	教师评价 （占总评60%）
学习活动1			
学习活动2			
学习活动3			
学习活动4			
学习活动5			
协作精神			
纪律观念			
表达能力			
工作态度			
安全意识			
任务总体表现			
小计			
总评			

任课教师：　　年　　月　　日

世赛知识

世赛"移动机器人"赛项竞赛模块

模块 A：工作组织与管理

移动机器人为团队竞赛项目，竞赛全程将对各队选手之间的互动行为进行考察，每名参赛选手都应积极地做出贡献，以满足竞赛的要求。竞赛主要考察选手在比赛过程中是否遵守时间；选手如何与裁判进行互动及如何应对竞赛中的相关情况；选手在与裁判沟通时，是否表现出应有的尊重态度。

模块 B：设计

设计部分将对移动机器人的信息采集系统、基本移动能力、目标管理系统等方面进行考核。

模块 C：核心编程演示与调整

核心编程演示与调整是对移动机器人总任务的分解，选手需要根据任务书中规定的考核内容，自主选择合适的功能模块来完成考核内容。

模块 D：综合性能演示

综合性能演示将通过两个部分共四轮的方式来进行考核，包括遥控控制系统和自主运行系统的演示，两个部分都需要选手共同完成。

世赛"移动机器人"赛项竞赛时间与分数要求

模块编号	模块名称	竞赛时间 / min	分数 / 分		
			评价分数	测量分数	合计
A	工作组织与管理	240	6	14	20
B	设计			30	30
C	核心编程演示与调整			20	20
D	综合性能演示			30	30
总计		240	6	94	100

学习任务三 工作站伺服系统故障检修

 学习目标

1. 能描述工业机器人焊接工作站的基本组成、工作原理及企业对工作站环境、安全、卫生和事故预防等方面的标准，并根据工作站伺服系统故障检修任务单，明确故障现象、检修要求及工时等内容。

2. 能描述 FANUC 机器人控制器的组成、连接方法与供电工作过程。

3. 能描述 FANUC 机器人伺服放大器的结构和各接口的作用、连接方法及工作过程。

4. 能根据故障维修手册和故障现象，独立分析造成伺服系统故障的原因，并找到排除伺服系统故障的方法和对策。

5. 能根据伺服系统故障的检修要求，通过小组讨论，制订合理的检修方案。

6. 能按照生产车间安全防护规定，严格执行安全操作规程。

7. 能根据伺服系统故障的检修要求，领取相关物料，并检查其好坏。

8. 能以团队合作的方式，排除工业机器人线缆故障、伺服放大器电源板电压异常故障、伺服驱动电路信号故障，进行整机测试，确保工作站正常运行，并交付项目主管验收。

9. 能按照生产现场"6S"管理规定整理工作现场。

10. 能主动获取有效信息，展示工作成果，对学习与工作进行总结和反思，并与他人开展良好合作，进行有效沟通。

建议学时

32 学时

工作情境描述

某生产空调压缩机电动机企业的 FANUC 工业机器人焊接工作站，在生产运行过程中出现工业机器人异常报警，示教控制器上显示工业机器人伺服故障代码。设备操作人员向班组长报修，班组长编制故障报告后交付设备维修主管，设备维修主管将维修任务分配给维修人员，要求在 4 天内完成工作站伺服系统故障的检修工作，排除故障后交付验收。

工作流程与活动

1．明确检修任务（4 学时）

2．检修前的准备（6 学时）

3．制订检修计划（6 学时）

4．检修实施（12 学时）

5．工作总结与评价（4 学时）

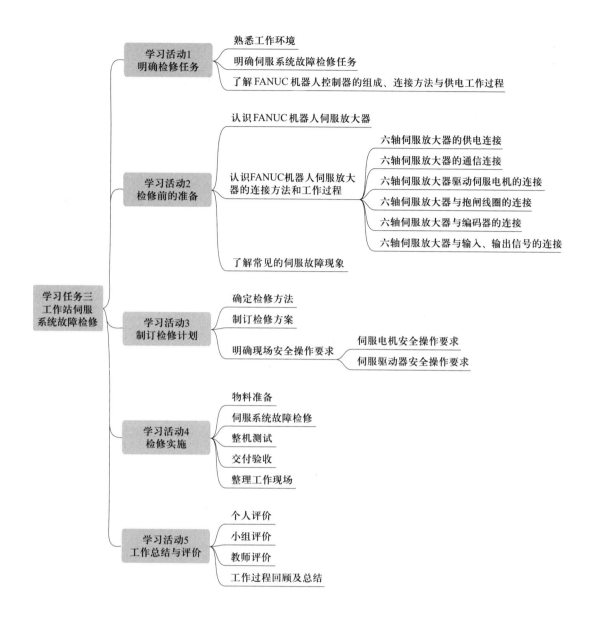

学习任务三
工作站伺服
系统故障检修

学习活动1
明确检修任务
- 熟悉工作环境
- 明确伺服系统故障检修任务
- 了解FANUC机器人控制器的组成、连接方法与供电工作过程

学习活动2
检修前的准备
- 认识FANUC机器人伺服放大器
- 认识FANUC机器人伺服放大器的连接方法和工作过程
  - 六轴伺服放大器的供电连接
  - 六轴伺服放大器的通信连接
  - 六轴伺服放大器驱动伺服电机的连接
  - 六轴伺服放大器与抱闸线圈的连接
  - 六轴伺服放大器与编码器的连接
  - 六轴伺服放大器与输入、输出信号的连接
- 了解常见的伺服故障现象

学习活动3
制订检修计划
- 确定检修方法
- 制订检修方案
- 明确现场安全操作要求
  - 伺服电机安全操作要求
  - 伺服驱动器安全操作要求

学习活动4
检修实施
- 物料准备
- 伺服系统故障检修
- 整机测试
- 交付验收
- 整理工作现场

学习活动5
工作总结与评价
- 个人评价
- 小组评价
- 教师评价
- 工作过程回顾及总结

学习活动 1　明确检修任务

 **学习目标**

1. 能描述工业机器人焊接工作站的基本组成、工作原理及企业对工作站环境、安全、卫生和事故预防等方面的标准。

2. 能根据工作站伺服系统故障检修任务单，明确故障现象、检修要求及工时等内容。

3. 能描述 FANUC 机器人控制器的组成、连接方法与供电工作过程。

建议学时：4 学时

 学习过程

一、熟悉工作环境

1．现场查看工业机器人焊接工作站的工作环境，明确生产车间和工作区域的范围和限制，认真阅读生产车间的安全操作规章制度，理解企业对环境、安全、卫生和事故预防等方面的标准。

2．简述工业机器人焊接工作站主要设备的名称、作用、工作原理及安全操作注意事项。

二、明确伺服系统故障检修任务

维修人员从维修主管处领取工作站伺服系统故障检修任务单（表 3-1-1），到达现场与客户方维修主管进行沟通，获取工业机器人焊接工作站的参数型号、电路图纸，完善工作站伺服系统故障检修任务单，了解本次工作的基本内容。

表 3-1-1　　　　　　　　　　　　　　工作站伺服系统故障检修任务单

单位名称：　　　　　　　　　　　　　　　　　工单编号：

设备名称		设备序列号		设备编号	
设备操作人员		设备操作人员电话		工时	
初次发生故障时间		本次发生故障时间		备注	
设备故障日志					
设备操作人员描述故障现象					
初步诊断意见					
设备维修任务要求					
提醒	维修旧件处理：按规定处理				
主管负责人签字		生产班组长签字		维修人员签字	
日期		日期		日期	

三、了解 FANUC 机器人控制器的组成、连接方法与供电工作过程

1．查阅相关资料，结合 FANUC 机器人与 R-30iA 控制器连线图（图 3-1-1），简述两者之间的连接方法。

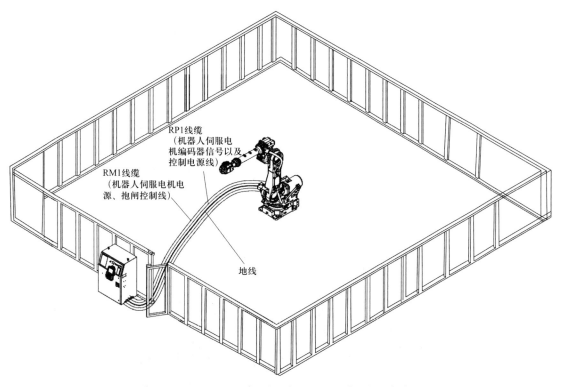

图 3-1-1　FANUC 机器人与 R-30iA 控制器连线图

2．根据 R-30iA 控制器结构简图（图 3-1-2），认识 R-30iA 控制器中的主要零部件，熟悉其安装位置，并在图 3-1-3 中空白处写出相关零部件的名称。

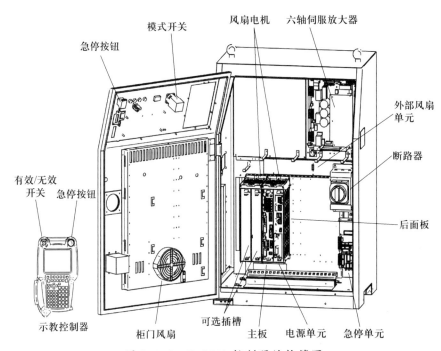

图 3-1-2　R-30iA 控制器结构简图

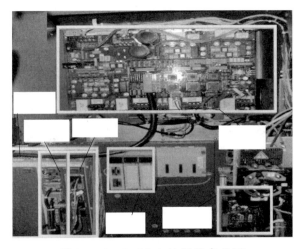

图 3-1-3　R-30iA 控制器实物图

3．根据FANUC机器人与R-30iA控制器供电连接图（图3-1-4），简述其供电原理，并将图3-1-5所示供电工作框图补充完整。

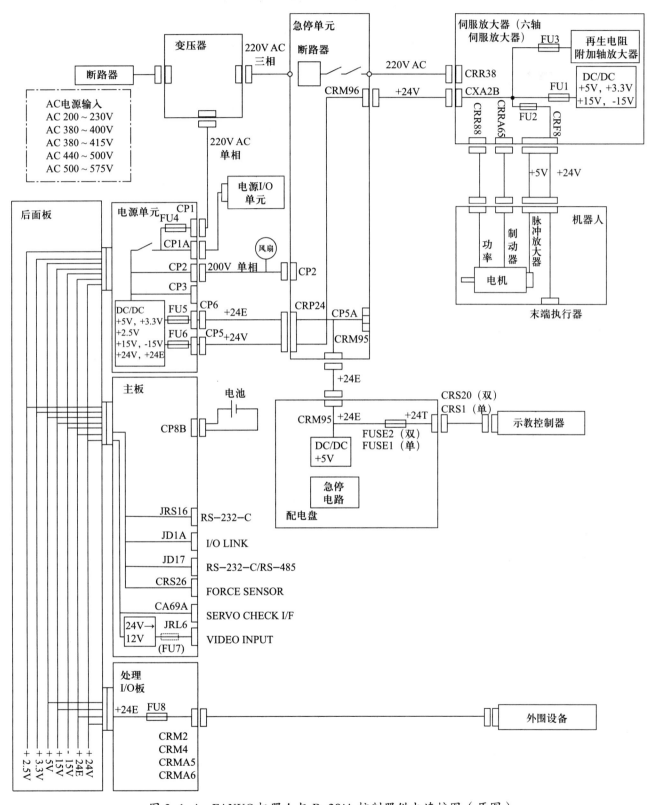

图 3-1-4 FANUC 机器人与 R-30iA 控制器供电连接图（原图）

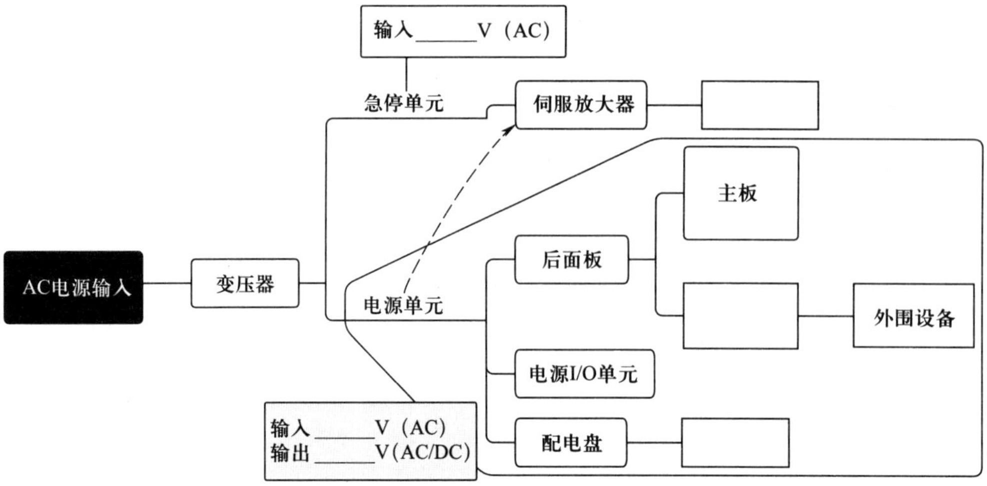

图 3-1-5　FANUC 机器人与 R-30iA 控制器供电工作框图

学习活动 2　检修前的准备

学习目标

1. 能描述 FANUC 机器人伺服放大器电路板的结构和各接口的作用。

2. 能描述 FANUC 机器人伺服放大器的连接方法和工作过程。

3. 能通过查阅故障维修手册，描述常见的伺服故障现象和对应的报警代码。

建议学时：6 学时

学习过程

一、认识 FANUC 机器人伺服放大器

伺服放大器用于控制和驱动伺服电机，从而带动工业机器人的各关节运动。伺服放大器通过 FSSB（fanuc serial servo bus，发那科串行伺服总线）与主板通信。FANUC 机器人的伺服放大器控制六个轴，又称六轴伺服放大器。图 3-2-1 所示为六轴伺服放大器电路板。六轴伺服放大器电路板共分为三层，如图 3-2-2 至图 3-2-4 所示。根据六轴伺服放大器电路板图，查阅相关资料，完成六轴伺服放大器接口说明表（表 3-2-1）的填写。

图 3-2-1　六轴伺服放大器电路板

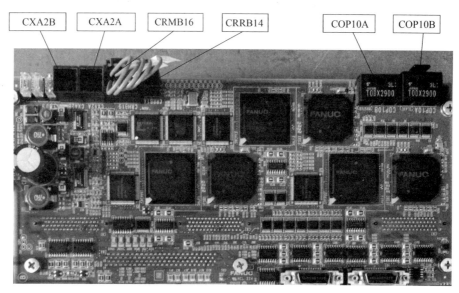

图 3-2-2　六轴伺服放大器第一层电路板

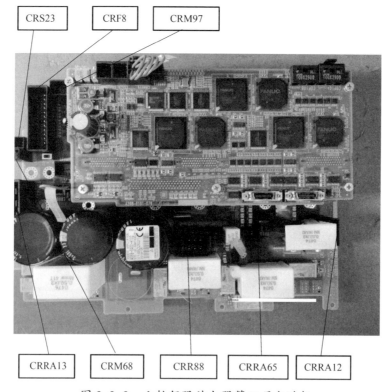

图 3-2-3　六轴伺服放大器第二层电路板

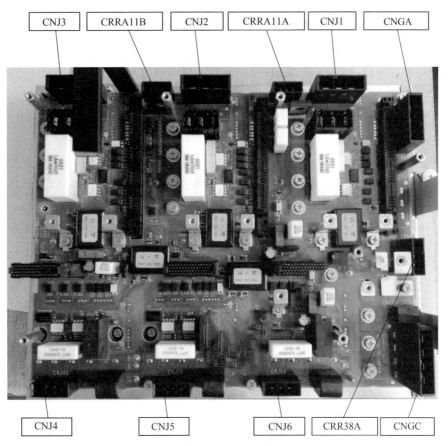

图 3-2-4　六轴伺服放大器第三层电路板

表 3-2-1　　　　　　　　　　　　　　　六轴伺服放大器接口说明表

序号	接口	接口作用	备注
1	COP10B	从主板的轴控制卡到六轴伺服放大器的输入信号（FSSB）接口	
2	COP10A		
3	CXA2A		
4	CXA2B	+24 V 电源输入接口	
5	CRMB16		
6	CRRB14		
7	CRR88		
8	CRRA65	辅助轴的电动机制动（抱闸）接口	
9	CRRA13	辅助轴的直流电源接口	
10	CRM68	辅助轴超程信号接口	
11	CRS23	FANUC 诊断测试接口，不是面向用户的连接件	
12	CRF8		

续表

序号	接口	接口作用	备注
13	CRRA12		
14	CRM97	附加轴信号接口	
15	CRR38A		
16	CNJ1 ~ CNJ6		
17	CNGA、CNGC		
18	CRRA11A/B		

二、认识 FANUC 机器人伺服放大器的连接方法和工作过程

1．六轴伺服放大器的供电连接

根据六轴伺服放大器供电连接图（图 3-2-5），完成图 3-2-6 所示供电工作框图的填写。

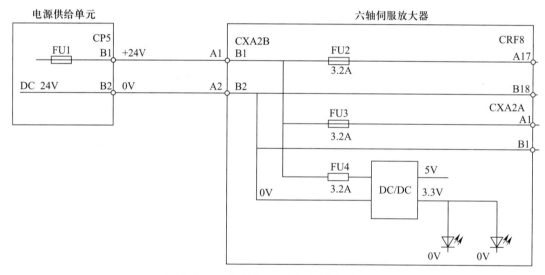

图 3-2-5　六轴伺服放大器供电连接图

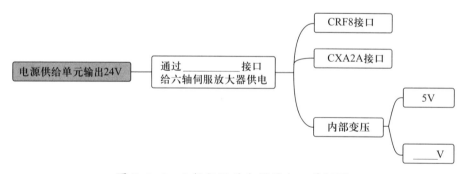

图 3-2-6　六轴伺服放大器供电工作框图

2．六轴伺服放大器的通信连接

根据图 3-2-7 所示六轴伺服放大器通信连接图，简述六轴伺服放大器的通信连接方法和工作过程。

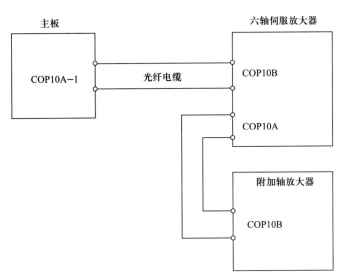

图 3-2-7　六轴伺服放大器通信连接图

3．六轴伺服放大器与抱闸线圈及伺服电机的连接

（1）识读图 3-2-8 所示六轴伺服放大器与抱闸线圈的连接图，以及图 3-2-9 所示六轴伺服放大器与伺服电机的连接图，回答下列问题。

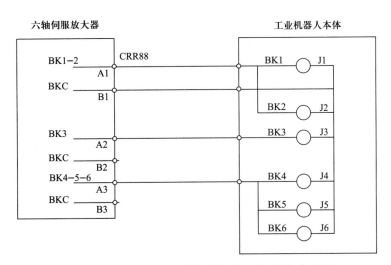

图 3-2-8　六轴伺服放大器与抱闸线圈的连接图

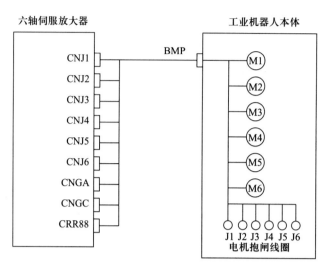

图 3-2-9　六轴伺服放大器与伺服电机的连接图

1）FANUC 机器人抱闸线圈的工作电压为＿＿＿＿＿＿＿＿V。

2）简述机器人电机抱闸的工作原理。

（2）根据六轴伺服放大器伺服电机的电路原理图（图 3-2-10），完成其工作框图（图 3-2-11）的填写。

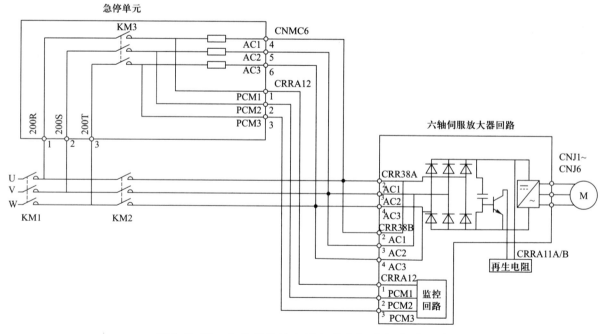

图 3-2-10　六轴伺服放大器伺服电机的电路原理图

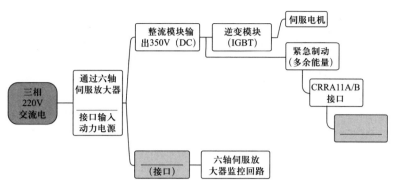

图 3-2-11 六轴伺服放大器驱动伺服电机工作框图

4．六轴伺服放大器与编码器的连接

FANUC 机器人伺服电机使用绝对式串行脉冲编码器（以下简称编码器），在机器人断电后能够记忆该机器人的位置。FANUC 机器人的编码器需要 6 V 的备用电池，在机器人断电后能够持续给其供电，以保证数据不丢失。

图 3-2-12 所示为六轴伺服放大器与编码器连接图。六轴伺服放大器连接的编码器的信号端为 5 V、0 V、PRQ、*PRQ，其中 5 V、0 V 端子为编码器供电电源端子，电源由六轴伺服放大器供给；PRQ、*PRQ 为编码器信号反馈端子，由编码器传输反馈信号给六轴伺服放大器。

工业机器人的 J1 ～ J6 关节分别由编码器信号端 M1P ～ M6P 端子传输信号。

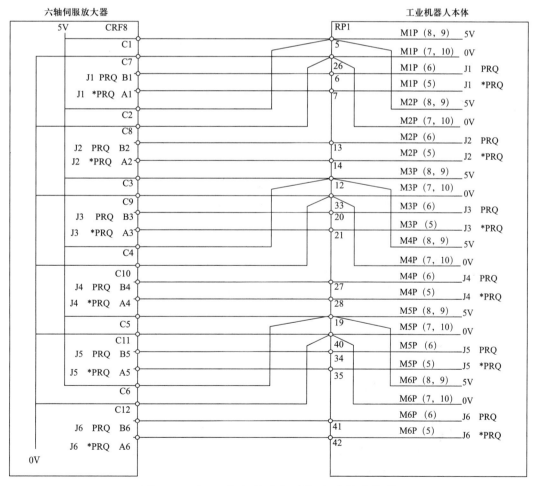

图 3-2-12 六轴伺服放大器与编码器连接图

5．六轴伺服放大器与输入、输出信号的连接

识读图 3-2-13 所示六轴伺服放大器与输入、输出信号连接图，以及图 3-2-14 所示六轴伺服放大器布局图，查阅相关资料，回答下列问题。

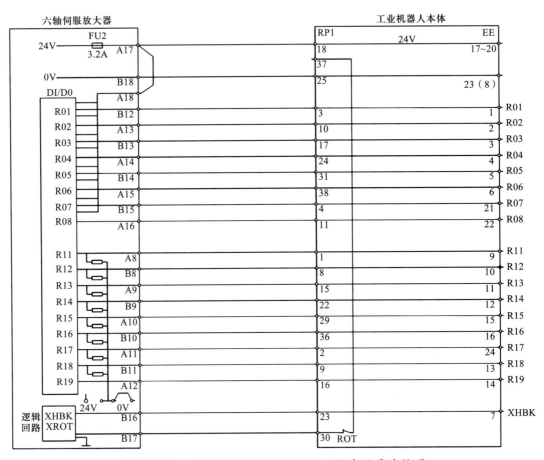

图 3-2-13　六轴伺服放大器与输入、输出信号连接图

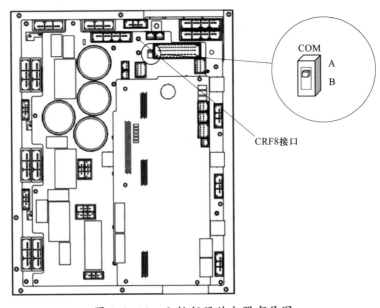

图 3-2-14　六轴伺服放大器布局图

（1）当跳线开关拨至 A 时，简述输入、输出信号电路的工作原理。

（2）当跳线开关拨至 B 时，简述输入、输出信号电路的工作原理。

三、了解常见的伺服故障现象

参考《FANUC-Robot-series R-30iA 控制装置维修说明书》3.5 基于错误代码的故障追踪，列出常见的伺服故障现象及报警代码（电机、伺服驱动类型）。

1. _____
2. _____
3. _____
4. _____
5. _____
6. _____

学习活动 3　制订检修计划

学习目标

1. 能根据故障现象和提示信息，分析造成伺服系统故障的原因。

2. 能根据故障原因和故障维修手册，找到排除伺服系统故障的方法和对策。

3. 能根据故障检修要求，通过小组讨论，制订合理的检修方案。

4. 能按照生产车间安全防护规定，严格执行安全操作规程。

建议学时：6 学时

学习过程

一、确定检修方法

1. 根据故障现象和提示信息，查阅相关资料，分析造成故障的原因，并填写故障分析表（表 3-3-1）。

表 3-3-1　　　　　　　　　　　　　　　故障分析表

故障现象	提示信息	故障原因
示教控制器报警显示 SRVO-023 Stop error excess（Group：i Axis：j），工业机器人停止运行	（1）停止时的伺服装置位置偏差值异常大 （2）CNJ1 ~ CNJ6 为机器人各轴电机连接口	
 FU1~FU3 熔断器熔断	（1）FU1：对放大器控制线路电源进行保护 （2）FU2：对末端执行器等进行保护 （3）FU3：对再生电阻进行保护	

续表

故障现象	提示信息	故障原因
V4（红色） LED： SVALM（红色） SVEMG（红色） DRDY（绿色） OPEN（绿色） P5V（绿色） P3.3V（绿色） 伺服放大器 LED 不亮	（1）六轴伺服放大器内部的 DC 链路电路被充电而有电压时，V4 红色指示灯点亮 （2）六轴伺服放大器检测出报警时，SVALM 红色指示灯点亮 （3）急停信号被输送到六轴伺服放大器时，SVEMG 红色指示灯点亮 （4）六轴伺服放大器能够驱动伺服电机时，DRDY 绿色指示灯点亮 （5）六轴伺服放大器和主板之间的通信正常时，OPEN 绿色指示灯点亮 （6）+5 V 电压从六轴伺服放大器内部的电源电路正常输出时，P5V 绿色指示灯点亮 （7）+3.3 V 电压从六轴伺服放大器内部的电源电路正常输出时，P3.3V 绿色指示灯点亮	

2．参照维修手册，确定检修方法，并填写伺服系统故障检修方法表（表 3-3-2）。

表 3-3-2　　　　　　　　　　　　　　　伺服系统故障检修方法表

检修方法	故障原因	对策	备注
基于错误代码的故障追踪			
基于熔丝的故障追踪			
基于 LED 的故障追踪	配电盘的 LED 故障	（1）当 ALM1、ALM2（红色）指示灯已经点亮时，配电盘与主板之间还没有进行通信，应检查主板和配电盘之间的通信电缆，如有异常则予以更换 （2）当通信电缆正常时，更换配电盘	
	伺服放大器的 LED 故障	（1）P5V 绿色指示灯熄灭，检查机器人连接电缆（RP1），确认 +5 V 是否有接地故障，如果无接地故障，则更换伺服放大器 （2）P3.3V 绿色指示灯熄灭，确认 +3.3 V 是否供电正常，如果正常，则更换伺服放大器 （3）SVEMG 红色指示灯熄灭，确认急停信号是否正常，如果正常，则更换伺服放大器 （4）SVALM 红色指示灯熄灭，确认伺服放大器检测信号是否正常，如果正常，则更换伺服放大器 （5）DRDY 绿色指示灯熄灭，确认伺服放大器驱动信号是否正常，如果正常，则更换伺服放大器 （6）OPEN 绿色指示灯熄灭，确认伺服放大器通信信号是否正常，如果正常，则更换伺服放大器 （7）V4 红色指示灯熄灭，确认伺服放大器 DC 链路电路的充电电压是否正常，如果正常，则更换伺服放大器	

3．根据表3-3-3，简述如何识读示教控制器上的机器人停止信号状态。

表3-3-3 机器人停止信号说明

信号名	说明
操作面板急停（SOP E-Stop）	表示操作面板急停按钮的工作状态。当按下急停按钮时，显示为"TRUE"
示教操作盘急停（TP E-Stop）	表示示教操作盘急停按钮的工作状态。当按下急停按钮时，显示为"TRUE"
外部急停（Ext E-Stop）	表示外部急停信号的工作状态。当输入外部急停信号时，显示为"TRUE"
栅栏打开（Fence Open）	表示安全栅栏的工作状态。当打开安全栅栏时，显示为"TRUE"
紧急自动停机开关（TP Deadman）	表示是否将示教操作盘上的紧急自动停机开关保持在适当的位置。在示教操作盘有效时，将紧急自动停机开关保持在适当的位置，显示为"TRUE"。在示教操作盘有效时，松开或握紧紧急自动停机开关，就会发生报警，并断开伺服装置的电源
示教操作盘有效（TP Enable）	表示示教操作盘是有效还是无效。当示教操作盘有效时，显示为"TRUE"
机械手断裂（Hand Broken）	表示机械手的安全接头状态。当机械手与工件等相互干涉，安全接头开启时，显示为"TRUE"。此时，发生报警，伺服装置的电源断开
机器人超程（Over Travel）	表示机器人当前所处的位置是否超过操作范围。当机器人的任何一个关节超过超程开关并越出动作范围时，显示为"TRUE"。此时，发生报警，伺服装置的电源断开
空压异常表（Low Air Alarm）	表示气压的状态。将空压异常信号连接到气压传感器上使用，当气压在允许值以下时，显示为"TRUE"

二、制订检修方案

1. 勘察检修现场，根据工作站伺服系统故障的检修要求，进行小组讨论，制订检修方案（表 3-3-4 ）。

表 3-3-4　　　　　　　　　　　　　　　检修方案表

1. 机器人设备型号	
2. 检修所需工具、设备、资料	
3. 故障现象及原因	（1）
	（2）
	（3）
	（4）
	（5）
	（6）
	（7）
4. 故障检修流程	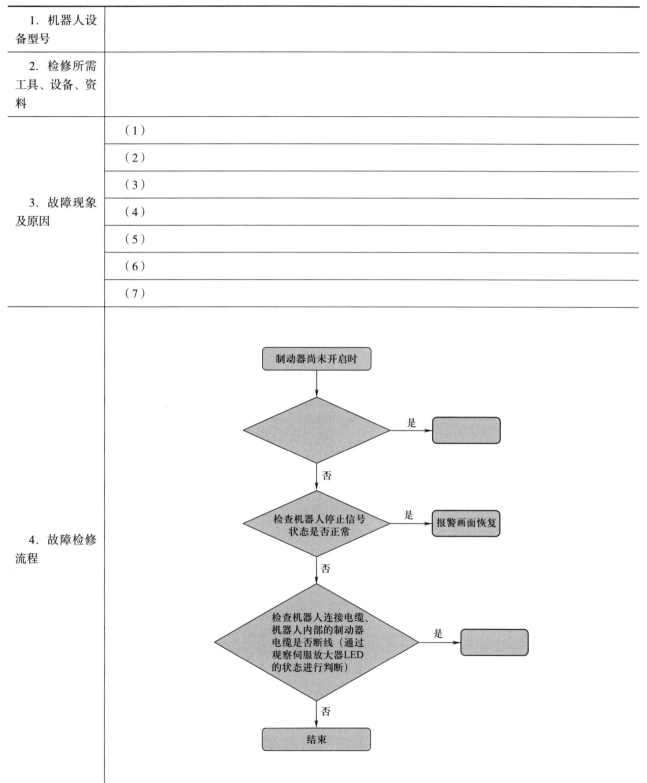

4. 故障检修流程		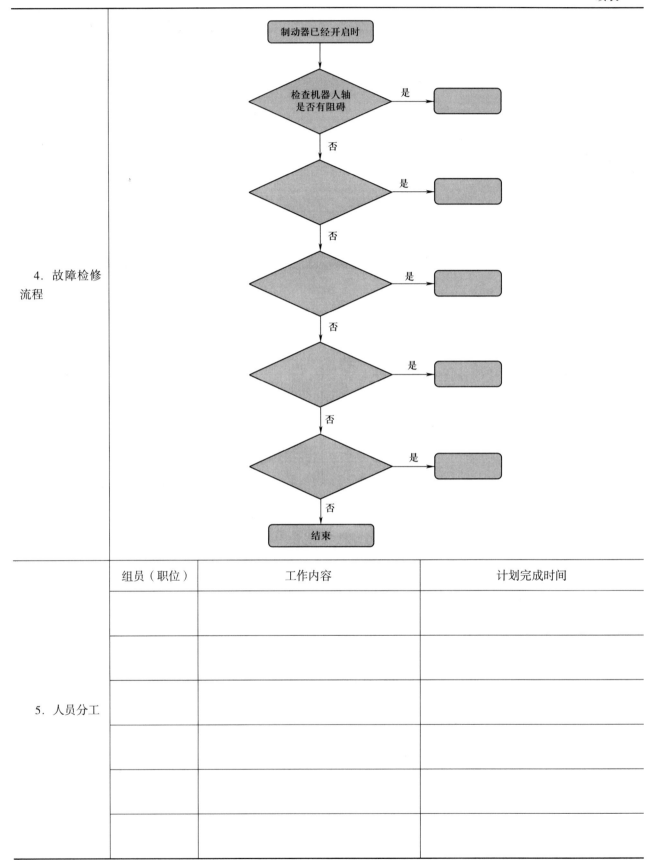	

组员（职位）	工作内容	计划完成时间
5. 人员分工		

2．制订检修方案后，需要对方案内容进行可行性研究，并对实施地点、准备工作及过程等细节进行探讨和分析，以保证后续检修工作安全、可靠地执行。以小组为单位就以上问题进行讨论，并根据讨论结果完善检修方案，记录主要修改内容。

三、明确现场安全操作要求

1．伺服电机安全操作要求

查阅相关资料，将伺服电机安全操作项目及要求（表 3-3-5）补充完整。

表 3-3-5　　　　　　　　　　　　伺服电机安全操作项目及要求

序号	项目	安全操作要求
1	伺服电机允许的轴端负载	（1）安装刚性联轴器时要格外小心，过度弯曲负载可能导致轴端和轴承损坏或磨损
		（2）安装柔性联轴器时，_____
		（3）确保在安装和运转伺服电机时加到其轴上的径向和轴向负载控制在规定值以内
2		（1）伺服电机不是全防水或防油的，不应当将其放置在水中或油浸的环境中使用
		（2）伺服电机连接减速齿轮，应当_____，防止减速齿轮的油进入伺服电机
3	伺服电机的安装	（1）不要用锤子直接敲打轴端
		（2）轴端对齐，前后端同心

2．伺服驱动器安全操作要求

查阅相关资料，简述伺服驱动器的安全操作要求。

学习活动 4 检 修 实 施

 **学习目标**

> 1. 能根据故障检修要求，领取相关物料，并检查其好坏。
>
> 2. 能以团队合作的方式，对工作站伺服系统故障进行检查和维修。
>
> 3. 能对工作站进行整机测试，确保其正常工作，并交付项目主管验收。
>
> 4. 能按生产现场"6S"管理规定整理工作现场。
>
> 建议学时：12 学时

 学习过程

一、物料准备

根据工作站伺服系统故障检修流程的要求，在组长的带领下，就物料的名称、数量和规格进行核对，填写故障检修物料单（表 3-4-1），为物料领取提供凭证。

表 3-4-1　　　　　　　　　　故障检修物料单

检修人员			时间	
用户单位			用户地址	
领用人员			归还人员	

序号	物料名称	数量	单位	规格	归还检查
1					完好□，损坏□
2					完好□，损坏□
3					完好□，损坏□

续表

序号	物料名称	数量	单位	规格	归还检查
4					完好□，损坏□
5					完好□，损坏□
6					完好□，损坏□
7					完好□，损坏□
8					完好□，损坏□
9					完好□，损坏□
10					完好□，损坏□
11					完好□，损坏□
12					完好□，损坏□

二、伺服系统故障检修

根据故障排除流程，排除伺服系统故障（表 3-4-2）。

表 3-4-2　　　　　　　　　　　伺服系统故障排除步骤

操作步骤	操作内容	图示	操作说明
1	机器人示教控制器复位	—	（1）工作站复位 （2）工作站状态指示灯检查
2	机器人停止信号查看	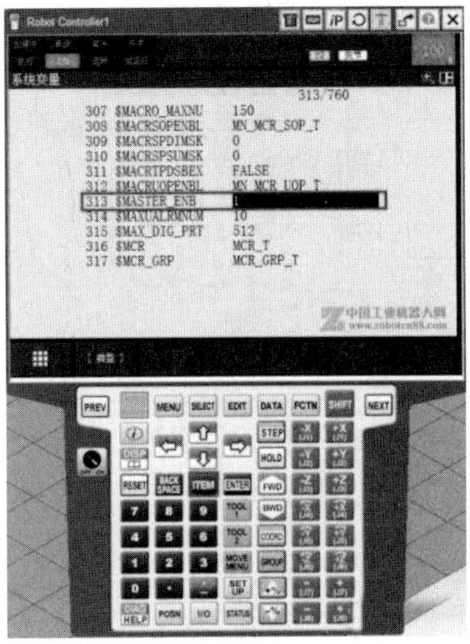	在示教控制器上确定机器人停止信号状态

续表

操作步骤	操作内容	图示	操作说明
3	伺服放大器 LED 检查		伺服放大器 LED 是否点亮（是□，否□） 措施：更换熔断器 FU1 ~ FU3
4	制动器开启状态排查	—	开启制动器，检查六轴伺服放大器抱闸线圈接口 CRR38 的工作电压是否为 DC 90 V（是□，否□）
5	机器人轴阻碍情况排查	—	机器人轴是否有阻碍（是□，否□）
6	六轴伺服放大器供电接口、通信接口以及伺服电机动力电源接口情况排查	 	（1）供电接口 CXA2A、CXA2B 是否接入 24 V 电压（是□，否□） （2）主板与六轴伺服放大器通信接口 COP10B 的指示灯是否正常显示（是□，否□） （3）六轴伺服放大器输入伺服电机动力电源接口 CRR38A 的电压是否在 AC 210 V 以下（是□，否□） 措施：更换六轴伺服放大器
7	六轴伺服放大器与伺服电机连接情况排查	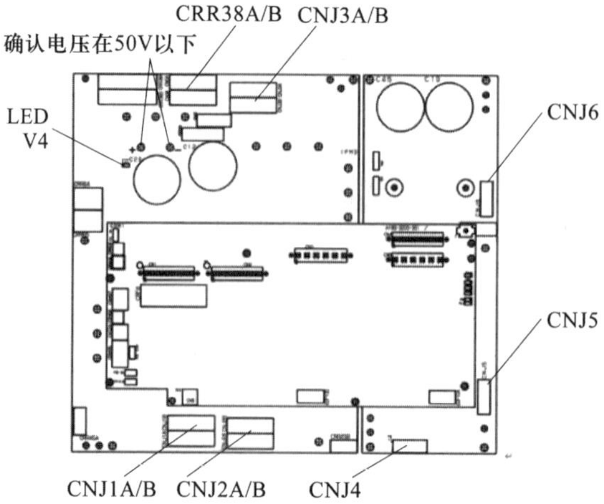	（1）电压：_____V （2）手拨确认各连接器的连接是否紧固（是□，否□）

续表

操作步骤	操作内容	图示	操作说明
8	六轴伺服放大器电源板排查	参考步骤7图示	使用万用表的直流电压挡测量指示灯V4右上方螺钉上的电压，电压是否在50 V以下（是□，否□） 措施：更换六轴伺服放大器
9	拆卸六轴伺服放大器	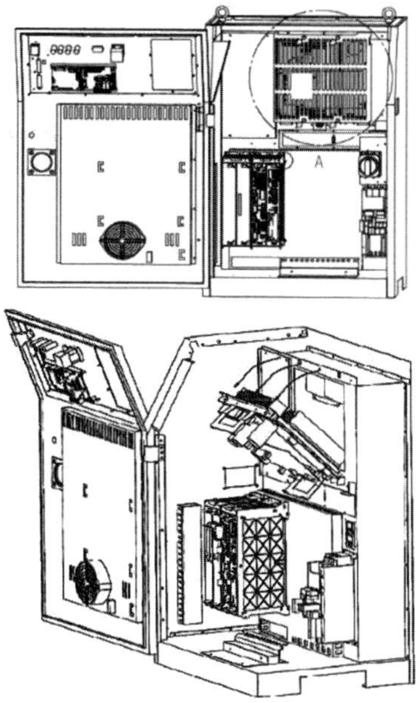	（1）将六轴伺服放大器上部的固定插脚顺时针旋转90° （2）握住位于六轴伺服放大器上、下部位的把手，将六轴伺服放大器上部向外拉出少许 （3）在倾倒六轴伺服放大器上部的状态下提起六轴伺服放大器
10	安装新的六轴伺服放大器	—	正确连接线束（参考学习活动2的内容）

三、整机测试

1. 根据FANUC机器人操作手册，进行自检和整机测试，并填写自检和整机测试表（表3-4-3）。

表3-4-3　　　　　　　　　　自检和整机测试表

步骤	自检内容	自检和整机测试情况
1	是否确保操作安全	是□，否□
2	是否满足企业"6S"管理规定	是□，否□
3	是否还存在报警现象	是□，否□
4	设备是否正常运行	是□，否□
5	零部件工艺是否达标	是□，否□
6	现场是否恢复	是□，否□
7	废弃物品是否按规定处理	是□，否□
8	是否还存在其他情况	是□，否□

2．如果你需要向客户进行说明，你会给客户提供哪些设备使用和保养建议？

四、交付验收

按验收标准对伺服系统故障检修结果进行试机验收，填好售后服务卡（表 3-4-4），并存档。

表 3-4-4　　　　　　　　　　　售后服务卡

客户单位：　　　　　　　　　派工日期：　　　　　　　No.

客户姓名		客户代码		联系电话	
客户地址					
派单人员签名		消耗品去向			
维修人员签名		预约时间			
维修情况说明	故障现象及原因				
	处理方法及结果		检验结论	合格□，不合格□	
	完成时间		客户代表		
	未完工情况		服务满意度	满意□，一般□，不满意□	
	备注				

五、整理工作现场

按生产现场"6S"管理规定整理工作现场、清除作业垃圾，经指导教师检查合格后方可离开工作现场。

学习活动 5　工作总结与评价

 **学习目标**

> 1. 能展示工作成果，说明本次任务的完成情况，并进行分析总结。
>
> 2. 能结合自身任务完成情况，正确、规范地撰写工作总结。
>
> 3. 能就本次任务中出现的问题提出改进措施。
>
> 4. 能主动获取有效信息，展示工作成果，对学习与工作进行总结和反思，并与他人开展良好合作，进行有效沟通。
>
> 建议学时：4 学时

 学习过程

一、个人评价

按表 3-5-1 所列评分标准进行个人评价。

表 3-5-1　　　　　　　　　　　　个人综合评价表

项目	序号	技术要求	配分／分	评分标准	得分
工作组织与管理（15%）	1	任务单的填写	3	每错一处扣 1 分，扣完为止	
	2	有效沟通、团队协作	3	不符合要求不得分	
	3	按时完成工作页的填写	3	未完成不得分	
	4	安全操作	3	违反安全操作不得分	
	5	绿色、环保	3	不符合要求，每次扣 1 分，扣完为止	
工具使用（5%）	6	正确使用拆装工具	2	不正确、不合理不得分	
	7	正确使用维修工具	3	不正确、不合理不得分	

续表

项目	序号	技术要求	配分/分	评分标准	得分
资料收集与使用（10%）	8	能利用网络资源收集资料	2	每收集到一个知识点得1分，满分2分	
	9	能通过查阅工具书收集、整理资料	2	每收集到一个知识点得1分，满分2分	
	10	能运用办公软件编写工作总结并分享	6	能运用办公软件编写总结得3分，能在课上分享自己的总结得3分	
检修质量（70%）	11	示教控制器复位与停止信号状态识读正确	5	不正确不得分	
	12	故障判断正确	15	不正确不得分	
	13	电缆、接线端口维修与更换正确	20	（1）维修与更换步骤合理，方法正确得10分 （2）电路连接、布线符合工艺要求、安全要求和技术要求得10分	
	14	拆装六轴伺服放大器正确	10	（1）拆卸与安装步骤合理，方法正确得5分 （2）拆装符合工艺要求、安全要求和技术要求得5分	
	15	设备检修完成后能正常工作	15	检修后工作站仍然不能工作不得分	
	16	能正确填写售后服务卡	5	每缺或错一处扣1分，扣完为止	
合计			100	总得分	

二、小组评价

以小组为单位，选择演示文稿、展板、海报、视频等形式中的一种或几种，向全班展示、汇报检修成果。在展示的过程中，以小组为单位进行评价；评价完成后，根据其他小组成员对本组展示成果的评价意见进行归纳总结。

三、教师评价

认真听取教师对本小组展示成果优缺点以及在完成任务过程中出现的亮点和不足的评价意见，并做好记录。

1．教师对本小组展示成果优点的点评。

2．教师对本小组展示成果缺点及改进方法的点评。

3．教师对本小组在整个任务完成过程中出现的亮点和不足的点评。

四、工作过程回顾及总结

1．在本次学习过程中，你完成了哪些工作任务？你是如何做的？还有哪些需要改进的地方？

2．总结完成工作站伺服系统故障检修任务过程中遇到的问题和困难，列举 2 ～ 3 点你认为比较值得和其他同学分享的工作经验。

3．回顾本学习任务的工作过程，对新学专业知识和技能进行归纳和整理，撰写工作总结。

工 作 总 结

评价与分析

学习任务三综合评价表

班级：_____　　　　姓名：_____　　　　学号：_____

项目	自我评价 （占总评10%）	小组评价 （占总评30%）	教师评价 （占总评60%）
学习活动1			
学习活动2			
学习活动3			
学习活动4			
学习活动5			
协作精神			
纪律观念			
表达能力			
工作态度			
安全意识			
任务总体表现			
小计			
总评			

任课教师：　　　年　　月　　日

世赛知识

世赛"移动机器人"项目参赛选手应具备的能力

参赛选手应具备的能力从知识和技能两方面进行描述，以世界技能大赛项目"技术描述"中的"技能标准规范表"为模板进行编制。

世赛"移动机器人"项目参赛选手应具备的能力

序号	参赛选手应具备的能力（部分）	类别
1	**工作的组织和管理**	
	个人需要知道和理解： （1）安全工作和制造的一般原则和应用 （2）所有设备和材料的用途、使用、维护和保养 （3）环境安全原则及其在工作环境中的应用 （4）团队合作原则及其应用	知识
	个人应能够： （1）准备和维护一个安全、整洁和高效的工作区域 （2）为工作做好准备，包括充分考虑到健康和安全 （3）合理安排工作，保证最大化效率并减少干扰 （4）各参赛选手应积极地做出贡献，以满足竞赛要求	技能
2	**设计**	
	个人需要知道和理解： （1）工程设计的原理与应用 （2）项目规范的性质和格式 （3）设计参数可以包括以下内容：成本核算，选择组件、材料，原型开发，制造，装配，优化和调试 （4）设计、组装移动机器人系统的原理和应用 （5）电气和电子系统（包括其中的各组件）的功能、原理和应用 （6）额外增加组件的原理和应用	知识
	个人应能够： （1）通过分析比赛提供的资料，确定移动机器人需要具备的功能 （2）明确移动机器人的操作环境 （3）确定移动机器人的硬件需求 （4）在给定的时间范围内完成对机器人项目的设计 （5）完成遥控系统的设计 （6）开发解决移动机器人任务的策略，包括导航和定位 （7）在给定的目标、成本和时间范围内完成设计任务	技能

续表

序号	参赛选手应具备的能力（部分）	类别
3	**核心编程演示与调整**	
	个人需要知道和理解： （1）移动机器人编程软件 （2）如何利用编程软件编制移动机器人程序 （3）如何通过编写程序控制机器人的动作 （4）无线通信原理与应用 （5）机器人导航系统 （6）传感器集成 （7）故障分析和排除技术	知识
	个人应能够： （1）使用提供的软件有效地完成自主控制系统，以实现目标管理系统 （2）使用提供的软件有效地完成自主控制系统，以实现机器人的运动控制 （3）通过遥控实现对机器人系统的控制	技能
4	**综合性能演示**	
	个人需要知道和理解： （1）测试设备和系统的标准与方法 （2）试运行的标准与方法 （3）所用技术和方法的范围与限制 （4）创造性思维与创新策略 （5）进行渐进式或根本性更新的可能性和选择	知识
	个人应能够： （1）根据标准测试移动机器人的每一部分 （2）根据标准测试移动机器人的总体性能 （3）通过分析、解决问题和细化，优化系统各部分的运行和整个系统的运行 （4）对系统进行最后的测试 （5）根据标准，评审设计、制造、装配和操作过程中的每一部分，包括准确性、一致性、时间和成本 （6）确保设计阶段的所有方面都符合所要求的行业标准	技能

学习任务四 工作站控制系统故障检修

 **学习目标**

1. 能描述工业机器人视觉装配工作站的基本组成、工作原理及企业对工作站环境、安全、卫生和事故预防等方面的标准，并根据工作站控制系统故障检修任务单，明确故障现象、检修要求及工时等内容。

2. 能描述工业机器人视觉装配工作站的控制过程。

3. 能查阅相关资料，描述 PLC 的结构组成、各主要组成单元的作用及接线方式。

4. 能描述工业机器人的 I/O 通信方式和 I/O 信号板各端子的定义及连接方法。

5. 能根据故障现象和故障维修手册，明确工作站控制系统故障的诊断方法及步骤。

6. 能根据控制系统故障的检修要求，通过小组讨论，制订合理的检修方案。

7. 能按照生产车间安全防护规定，严格执行安全操作规程。

8. 能根据控制系统故障的检修要求，领取相关物料，并检查其好坏。

9. 能以团队合作的方式，排除工作站控制系统 PLC 故障和 I/O 通信故障，进行整机测试，确保工作站正常运行，并交付项目主管验收。

10. 能按照生产现场"6S"管理规定整理工作现场。

11. 能主动获取有效信息，展示工作成果，对学习与工作进行总结和反思，并与他人开展良好合作，进行有效沟通。

 **建议学时**

48 学时

 **工作情境描述**

某生产空调压缩机电动机的企业引进了一套工业机器人视觉装配工作站，用于装配电动机编码器电路板。该工作站由 1 台六轴机器人、1 个装配台、1 套组合搬运夹具、1 个上料台、1 个下料台、1 套视觉系统和 1 套 PLC 总控系统组成。该工作站在运行过程中，同时出现 PLC 控制系统和机器人异常报警现象，提示

控制系统及机器人 I/O 通信故障。设备操作人员向班组长报修，班组长编制故障报告后交付设备维修主管，设备维修主管将维修任务分配给维修人员，要求在 6 天内完成工作站控制系统故障的检修工作，排除故障后交付验收。

工作流程与活动

1. 明确检修任务（4 学时）

2. 检修前的准备（14 学时）

3. 制订检修计划（6 学时）

4. 检修实施（20 学时）

5. 工作总结与评价（4 学时）

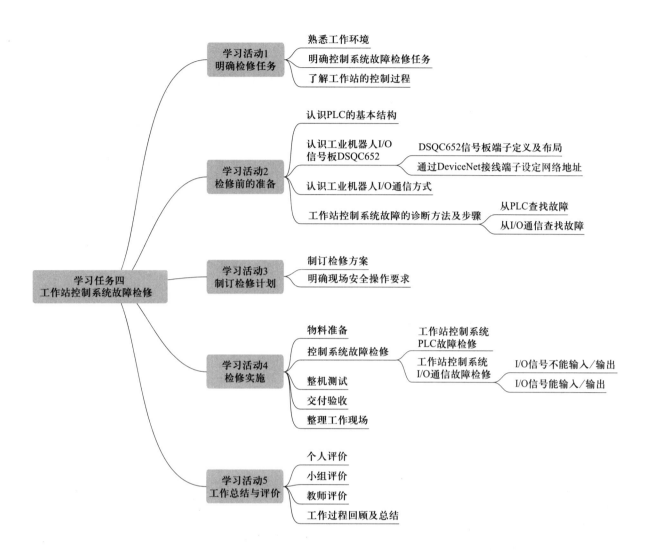

学习活动 1　明确检修任务

学习目标

1. 能描述工业机器人视觉装配工作站的基本组成、工作原理及企业对工作站环境、安全、卫生和事故预防等方面的标准。

2. 能根据工作站控制系统故障检修任务单，明确故障现象、检修要求及工时等内容。

3. 能描述工作站的控制过程。

建议学时：4 学时

学习过程

一、熟悉工作环境

1. 现场查看工业机器人视觉装配工作站的工作环境，明确生产车间和工作区域的范围和限制，认真阅读生产车间的安全操作规章制度，理解企业对环境、安全、卫生和事故预防等方面的标准。

2. 简述工业机器人视觉装配工作站主要设备的名称、作用、工作原理及安全操作注意事项。

二、明确控制系统故障检修任务

维修人员从维修主管处领取工作站控制系统故障检修任务单（表4-1-1），到达现场与客户方维修主管进行沟通，获取工业机器人视觉装配工作站的参数型号、电路图纸，完善工作站控制系统故障检修任务单，了解本次工作的基本内容。

表 4-1-1　　　　　　　　　　　工作站控制系统故障检修任务单

单位名称：　　　　　　　　　　　　　　工单编号：

设备名称		设备序列号		设备编号	
设备操作人员		设备操作人员电话		工时	
初次发生故障时间		本次发生故障时间		备注	
设备故障日志					
设备操作人员描述故障现象					
初步诊断意见					
设备维修任务要求					
提醒	维修旧件处理：按规定处理				
主管负责人签字		生产班组长签字		维修人员签字	
日期		日期		日期	

三、了解工作站的控制过程

1．根据图 4-1-1，简述工业机器人视觉装配工作站的工作流程。

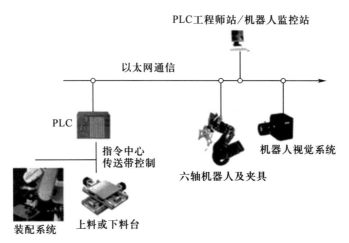

图 4-1-1　工业机器人视觉装配工作站

2．根据 PLC 的工作过程（表 4-1-2），将工业机器人视觉装配工作站中机器人视觉系统的控制流程（图 4-1-2）补充完整。

表 4-1-2   PLC 的工作过程

阶段	阶段名称	工作过程
第一阶段	内部处理阶段	PLC 检查 CPU 模块的硬件是否正常、复位监视定时器并完成一些其他内部工作
第二阶段	通信服务阶段	PLC 与智能模块通信，响应编程器输入的命令，更新编程器的显示内容等。当 PLC 处于停止状态时，只执行内容处理和通信操作等任务
第三阶段	输入处理阶段	输入处理也叫输入采样，即以扫描形式读入所有输入端子上的输入信息，并将输入信息存入内存中所对应的映像寄存器。此时输入映像寄存器被刷新，PLC 进入程序执行阶段
第四阶段	程序执行阶段	根据梯形图程序扫描原则，按从左至右、从上至下的顺序扫描及执行程序。如果遇到程序跳转指令，则根据跳转是否满足条件来决定程序的跳转地址。若用户程序关系到输入、输出状态，则 PLC 从输入映像寄存器中读出上一阶段采入的对应输入端子的状态，从输出映像寄存器中读出对应映像寄存器的当前状态，然后根据用户程序进行逻辑运算，再将运算结果存入有关器件的输出映像寄存器中
第五阶段	输出处理阶段	输出处理阶段输出的变量转存到输出锁存器中，通过隔离电路、驱动功率放大电路，使输出端子向外界输出控制信号，以驱动外部负载

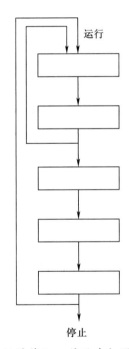

图 4-1-2 工业机器人视觉装配工作站中机器人视觉系统的控制流程

学习活动 2　检修前的准备

学习目标

1. 能描述 PLC 的结构组成、各主要组成单元的作用及接线方式。

2. 能描述工业机器人 I/O 信号板 DSQC652 的端子定义及布局。

3. 能通过 DeviceNet 接线端子正确设定标准 I/O 信号板的网络地址。

4. 能描述工业机器人的 I/O 通信方式。

5. 能描述工作站控制系统故障的诊断方法及步骤。

建议学时：14 学时

 学习过程

一、认识 PLC 的基本结构

1. 根据 PLC 基本结构图（图 4-2-1），将表 4-2-1 补充完整。

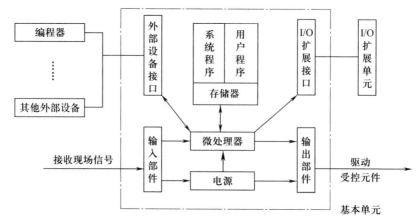

图 4-2-1　PLC 基本结构图

表 4-2-1　　　　　　　　　　　　　　　　　PLC 的主要组成单元及作用

序号	单元名称	作用
1		整个 PLC 的核心部件，控制所有部件的操作
2		用来存放系统程序和用户程序等信息
3		将 PLC 与现场各种输入、输出设备连接起来
4	电源	提供工作需要的标准电源
5		PLC 控制程序的输入、修改和调试

2．根据西门子 S7-1200 PLC 扩展模块示意图（图 4-2-2），完成下列模块（板）与器件的连线。

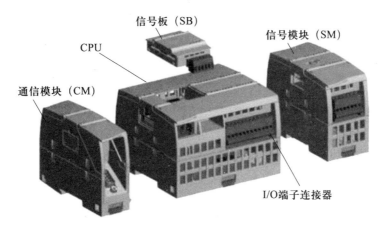

图 4-2-2　西门子 S7-1200 PLC 扩展模块示意图

信号板（SB）　　　　　SM1221、SM1222、SM1223、SM1231、SM1232

信号模块（SM）　　　　CM1241、CM1242、CM1243

通信模块（CM）　　　　SB1200、SB1221、SB1222、SB1223

3．根据西门子 S7-1200 和三菱 FX3U-48MR PLC 接线图（图 4-2-3、图 4-2-4），简述西门子 PLC 和三菱 PLC 在硬件输入和输出接线上有什么不同。

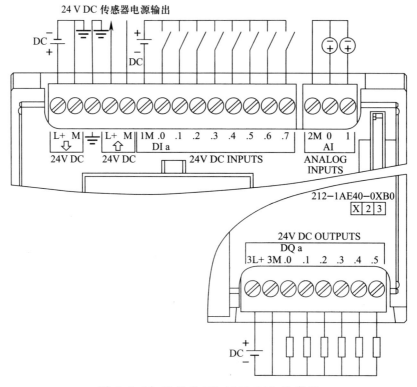

图 4-2-3　西门子 S7-1200 PLC 接线图

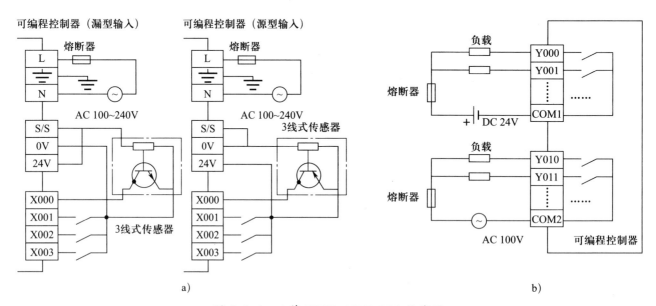

图 4-2-4　三菱 FX3U-48MR PLC 接线图

a）输入的连接示例　b）输出的连接示例

4．西门子 S7-1200 PLC 内部电路由三层构成：第一层为 CPU 主板，第二层为 I/O 接口板，第三层为电源电路，具体见表 4-2-2。

表 4-2-2　　　　　　　　　　　　　　西门子 S7-1200 硬件结构

名称	图示
整体外观	
CPU 主板（第一层）	
I/O 接口板（第二层）	
电源电路（第三层）	

二、认识工业机器人 I/O 信号板 DSQC652

1．DSQC652 信号板端子定义及布局

DSQC652 信号板端子布局如图 4-2-5 所示，其端子定义见表 4-2-3 和表 4-2-4。

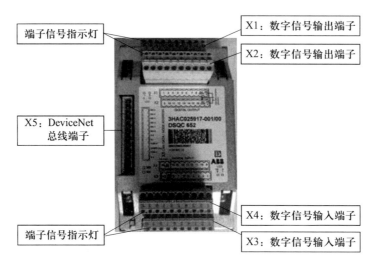

图 4-2-5　DSQC652 信号板端子布局

表 4-2-3　　　　　　　　　　　　　　　DSQC652 信号板端子定义（X1、X2）

X1 端子				X2 端子			
编号	功能	名称	分配地址	编号	功能	名称	分配地址
1	Output	CH1	0	1	Output	CH9	8
2	Output	CH2	1	2	Output	CH10	9
3	Output	CH3	2	3	Output	CH11	10
4	Output	CH4	3	4	Output	CH12	11
5	Output	CH5	4	5	Output	CH13	12
6	Output	CH6	5	6	Output	CH14	13
7	Output	CH7	6	7	Output	CH15	14
8	Output	CH8	7	8	Output	CH16	15
9	GND	0 V		9	GND	0 V	
10	VSS	24 V+		10	VSS	24 V+	

表 4-2-4　　　　　　　　　　　　　　DSQC652 信号板端子定义（X3、X4）

X3 端子				X4 端子			
编号	功能	名称	分配地址	编号	功能	名称	分配地址
1	Input	CH1	0	1	Input	CH9	8
2	Input	CH2	1	2	Input	CH10	9
3	Input	CH3	2	3	Input	CH11	10
4	Input	CH4	3	4	Input	CH12	11
5	Input	CH5	4	5	Input	CH13	12
6	Input	CH6	5	6	Input	CH14	13
7	Input	CH7	6	7	Input	CH15	14
8	Input	CH8	7	8	Input	CH16	15
9	GND	0 V		9	GND	0 V	
10	NC	NC		10	NC	NC	

从图 4-2-5 和表 4-2-3、表 4-2-4 可知，DSQC652 信号板是一块具有_____个数字信号输入端子和_____个数字信号输出端子的 I/O 信号板，X1 ~ X4 端子的供电电压为_____V。

2．通过 DeviceNet 接线端子设定网络地址

标准 I/O 信号板是挂在 DeviceNet 网络上的，因此，要设定其在网络中的地址。DeviceNet 接线端子如图 4-2-6 所示。网络地址可用范围为 1 ~ 63，由端子 X5 上的跳线 6 ~ 12 决定，网络地址等于各不接线端子数值之和。例如，若将第 8 脚和第 10 脚的跳线剪去，则网络地址为_____。

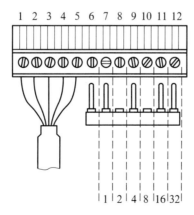

图 4-2-6　DeviceNet 接线端子

1—0 V（黑色线）　2—CAN 信号线（Low，蓝色线）　3—屏蔽线　4—CAN 信号线（High，白色线）

5—24 V（红色线）　6—GND 地址选择公共端（0 V）　7 ~ 12—地址选择端

三、认识工业机器人 I/O 通信方式

1．工业机器人与外部通信的方式、现场总线及 ABB 标准见表 4-2-5。其中，工业机器人标配的现场总线为

_____，通信方式为 RS232，标准 I/O 板为_____。

表 4-2-5　　　　　　　　　　工业机器人与外部通信的方式、现场总线及 ABB 标准

PC	现场总线	ABB 标准
RS232 OPC Server Socket Message	DeviceNet Profibus Profibus-DP Profinet EtherNet/IP	标准 I/O 板（DSQC652） PLC

2．由控制器 I/O 接口外部输出端（图 4-2-7）和控制器外部端子与 DSQC652 的连接表（表 4-2-6）可知，DSQC652 的输入端子 X1 对应控制器外部端子_____，X2 对应控制器外部端子_____，X3 对应控制器外部端子_____，X4 对应控制器外部端子_____，DC 24 V 电源对应控制器外部端子_____。

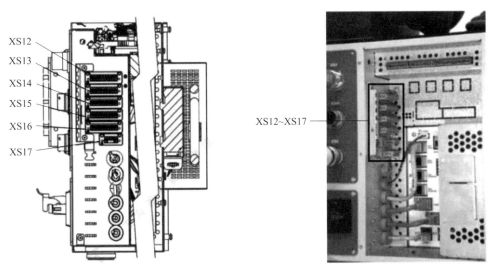

图 4-2-7　控制器 I/O 接口外部输出端

表 4-2-6　　　　　　　　　　控制器外部端子与 DSQC652 的连接表

端子	接口	地址
XS12	8 位数字输入	0~7
XS13	8 位数字输入	8~15
XS14	8 位数字输出	0~7
XS15	8 位数字输出	8~15
XS16	24 V/0 V 电源	0 V 和 24 V 每位间隔
XS17	DeviceNet 外部连接接口	

四、工作站控制系统故障的诊断方法及步骤

工作站控制系统故障的诊断主要从 PLC 和 I/O 通信两方面进行。

1．从 PLC 查找故障

（1）总体检查：首先根据总体检查流程图确定故障点的方向，然后逐渐细化，找出具体故障。

（2）电源检查：若电源指示灯不亮，需对供电系统进行检查。

（3）信号灯检查：在信号接线端子有信号的情况下，观察该端子对应 LED 的亮灭情况，判断故障部位。

（4）I/O 设备故障检查：在外部设备已发出控制信号给 PLC 输入端口的情况下，若 PLC 相应的 LED 不亮，则故障点在 I/O 设备或通信线路中。在 PLC 输出端口已发出控制信号给外部设备的情况下，若 PLC 相应的 LED 点亮，而外部设备不动作，则故障点在外部设备或通信线路中。

（5）外部环境检查。

2．从 I/O 通信查找故障

I/O 通信故障分为 I/O 信号能输入 / 输出和 I/O 信号不能输入 / 输出两种情况，其检修参考工作站 I/O 通信故障检修流程（图 4-2-8）。

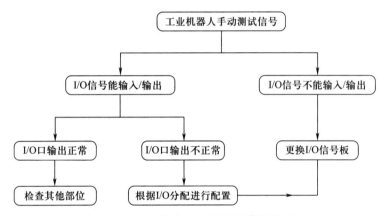

图 4-2-8　工作站 I/O 通信故障检修流程

学习活动 3　制订检修计划

 **学习目标**

> 1. 能根据故障检修要求，通过小组讨论，制订合理的检修方案。
>
> 2. 能按照生产车间安全防护规定，严格执行安全操作规程。
>
> 建议学时：6 学时

 学习过程

一、制订检修方案

1. 勘察检修现场，根据工作站控制系统故障的检修要求，进行小组讨论，制订检修方案（表 4-3-1）。

表 4-3-1　　　　　　　　　　　　检修方案表

1. 机器人设备型号		
2. 检修所需工具、设备、资料		
3. 故障现象及原因	（1）	
	（2）	
	（3）	
	（4）	
	（5）	
	（6）	
	（7）	

续表

4. 故障检修流程①			
	组员（职位）	工作内容	计划完成时间
5. 人员分工			

---

① 根据前面活动的内容，绘制工作站控制系统故障检修流程图。

2．制订检修方案后，需要对方案内容进行可行性研究，并对实施地点、准备工作及过程等细节进行探讨和分析，以保证后续检修工作安全、可靠地执行。以小组为单位就以上问题进行讨论，并根据讨论结果完善检修方案，记录主要修改内容。

二、明确现场安全操作要求

1．查阅相关资料，简述 PLC 的安全操作要求。

2．查阅相关资料，简述 PLC 的三种接地方式以及最常用的一种接地方式的具体操作方法。

学习活动 4　检 修 实 施

 **学习目标**

> 　　1. 能根据故障检修要求，领取相关物料，并检查其好坏。
>
> 　　2. 能对工作站控制系统 PLC 故障和 I/O 通信故障进行检修。
>
> 　　3. 能对工作站进行整机测试，确保其正常工作，并交付项目主管验收。
>
> 　　4. 能按生产现场"6S"管理规定整理工作现场。
>
> 　　建议学时：20 学时

 学习过程

一、物料准备

　　根据工作站控制系统故障检修流程的要求，在组长的带领下，就物料的名称、数量和规格进行核对，填写故障检修物料单（表 4-4-1），为物料领取提供凭证。

表 4-4-1　　　　　　　　　　　故障检修物料单

检修人员			时间	
用户单位			用户地址	
领用人员			归还人员	
序号	物料名称	数量	单位	规格	归还检查
1					完好□，损坏□
2					完好□，损坏□
3					完好□，损坏□
4					完好□，损坏□

续表

序号	物料名称	数量	单位	规格	归还检查
5					完好□，损坏□
6					完好□，损坏□
7					完好□，损坏□
8					完好□，损坏□
9					完好□，损坏□
10					完好□，损坏□
11					完好□，损坏□
12					完好□，损坏□

二、控制系统故障检修

1．工作站控制系统 PLC 故障检修

工作站控制系统 PLC 故障检修包括 PLC 状态指示灯检查，PLC 输入 / 输出端子状态测试，PLC 输入 / 输出端子电压检测，更换 I/O 信号板、故障端子线路的光电隔离器件或 CPU 主板等内容。根据表 4-4-2，进行工作站控制系统 PLC 故障检修。

表 4-4-2　　　　　　　　　　　　　工作站控制系统 PLC 故障检修

操作步骤	操作内容	图示	操作说明
1	PLC 状态指示灯检查	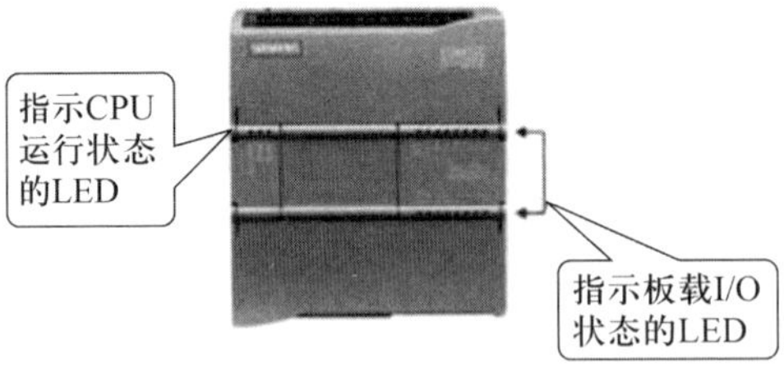 指示CPU运行状态的LED　指示板载I/O状态的LED	（1）工作站复位 （2）检查 PLC 状态指示灯是否点亮（STOP/RUN/ERROR）。若三个状态指示灯均不亮，则拆下 PLC 电源电路（第三层电路），对其进行维修
2	PLC 输入 / 输出端子状态测试	—	编写 PLC 端口测试程序，下载程序并运行，检查输入 / 输出端子指示灯状态是否正常（是□，否□） （1）不正常：检查该端子有无输入信号或其外围接线是否存在故障 （2）正常：进行下一个检修步骤

续表

操作步骤	操作内容	图示	操作说明
3	PLC 输入 / 输出端子电压检测		在测试程序状态下，使用万用表电压挡测量输入 / 输出端子电压是否为 24 V（是□，否□） 若输入 / 输出端子电压不为 24 V，则更换 I/O 信号板、故障端子线路的光电隔离器件或 CPU 主板
4	更换 I/O 信号板、故障端子线路的光电隔离器件或 CPU 主板		（1）拆除外壳，更换新的 I/O 信号板或更换故障端子线路的光电隔离器件 （2）更换后进行编程测试，检查 PLC 是否正常运行（是□，否□） （3）若 PLC 仍不能正常运行，则更换 CPU 主板

2．工作站控制系统 I/O 通信故障检修

（1）I/O 信号不能输入 / 输出

I/O 信号不能输入 / 输出的故障检修包括示教控制器 I/O 输出测试、检测 DSQC652 输出端子状态、检测 DSQC652 输出端子电压、检测 DSQC652 的连接线缆等内容。根据表 4-4-3，进行 I/O 信号不能输入 / 输出的故障检修。

表 4-4-3　　　　　　　　　　　　　　　　I/O 信号不能输入 / 输出的故障检修

操作步骤	操作内容	图示	操作说明
1	示教控制器 I/O 输出测试	—	（1）开机 （2）测试 I/O 输出是否正常（是□，否□）

操作步骤	操作内容	图示	操作说明
2	检测 DSQC652 输出端子状态	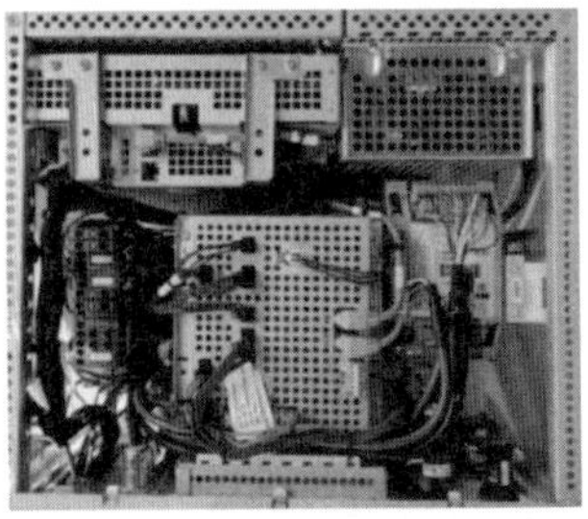 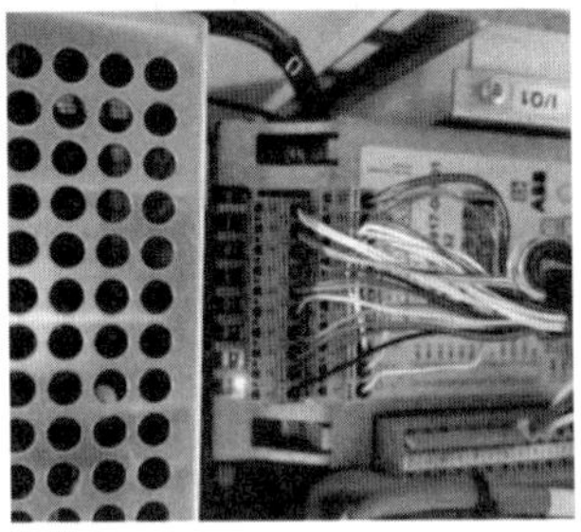	（1）打开工业机器人控制柜，使用示教控制器逐个仿真 I/O 端子的输出信号 （2）将仿真信号置 1，检查 DSQC652 I/O 信号板对应端子状态指示灯是否点亮（是□，否□） 若状态指示灯不亮，则检测其电压
3	检测 DSQC652 输出端子电压	 	（1）取下输出端子线缆以及 0 V 端子线缆 （2）使用万用表直流电压挡测量输出端子电压，电压正常值为 24 ~ 32 V。输出端子电压是否正常（是□，否□） 注意：检测过程中应戴静电手环 若输出端子电压正常，则检查线缆；若输出端子电压不正常，则返厂检修或更换 I/O 信号板
4	检测 DSQC652 的连接线缆	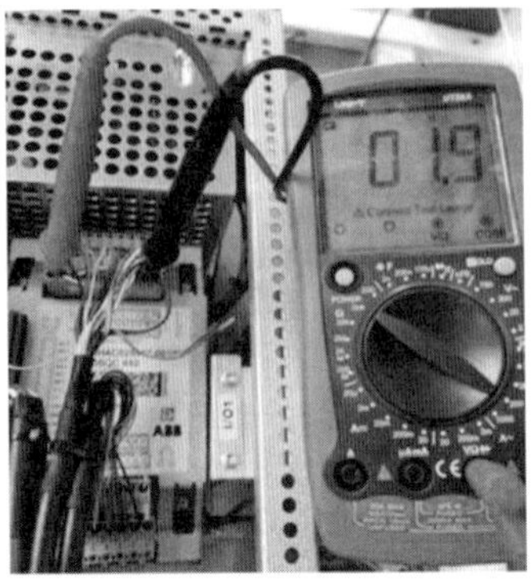	使用万用表蜂鸣挡检查线缆的通断。线缆是否断开（是□，否□） 如果线缆断开，则更换线缆，重新测量输出电压

知识链接

更换控制系统流程

更换控制系统流程如图 4-4-1 所示。

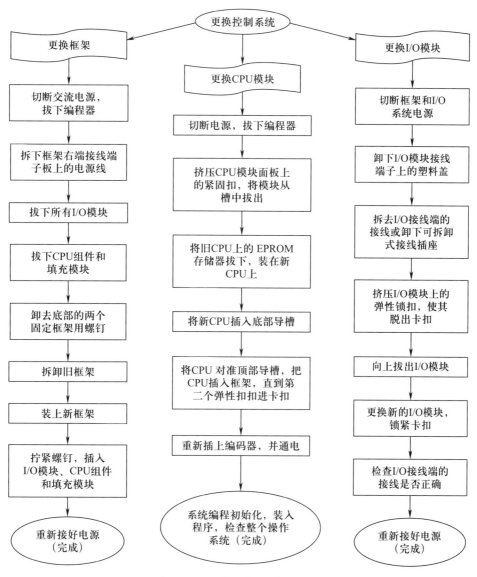

图 4-4-1　更换控制系统流程

（2）I/O 信号能输入 / 输出

若 I/O 信号能输入 / 输出，但 I/O 口输出不正常，则需重新配置 I/O 通信线路。

1）下面是定义 I/O 信号板的具体步骤，其顺序已被打乱，试以小组合作的方式将下面的操作顺序重新排序。

①单击"显示全部"。

②找到 DSQC652 信号板 DeviceNet 总线接口，将总线插头插入 DeviceNet 总线接口。

③进入系统参数设置界面（图 4-4-2）：其他窗口→ System Parameters →回车。

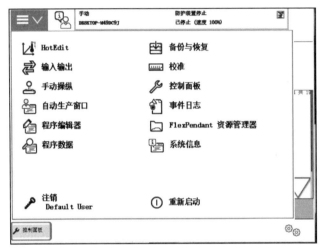

图 4-4-2　系统参数设置界面

④进入 I/O 单元窗口：菜单键 Topics → IO Signals →菜单键 Types 1 Units。

⑤单击"控制面板"。

⑥单击"是"，DSQC652 信号板设定完成。

⑦设定 DeviceNet 的 Address，根据跳线设定其值，这里设定为 10，最后单击"确定"（图 4-4-3）。

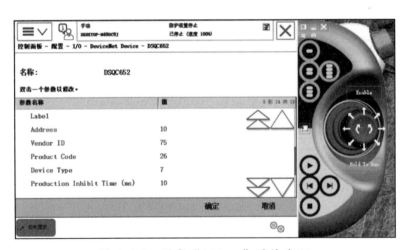

图 4-4-3　设定"Address"的值为 10

⑧设定"Name"（图 4-4-4）、"Type of Unit"和"Connected to Bus"。

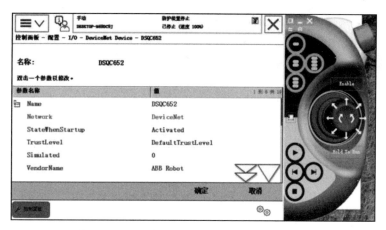

图 4-4-4　设定"Name"的值为 DSQC652

⑨单击"确认"，选择"添加"。

正确的顺序是：_____

2）填写输入信号地址分配表（表 4-4-4），并在示教控制器上进行操作，将输入信号定义完毕。

表 4-4-4　　　　　　　　　　　　　输入信号地址分配表

信号								
地址	0	1	2	3	4	5	6	7
信号								
地址	8	9	10	11	12	13	14	15

3）填写输出信号地址分配表（表 4-4-5），并在示教控制器上进行操作，将输出信号定义完毕。

表 4-4-5　　　　　　　　　　　　　输出信号地址分配表

信号								
地址	0	1	2	3	4	5	6	7
信号			夹具 1					
地址	8	9	10	11	12	13	14	15

4）测试 PLC、机器人夹具信号

①利用计算机在线运行程序，通过监控完成 PLC 信号测试，并将测试结果填写于表 4-4-6 中。

表 4-4-6　　　　　　　　　　　　　PLC 信号测试表

序号	项目	测试结果	问题
1	I/O		
2	与工业机器人连接的线缆		

②利用示教控制器手动测试机器人夹具 I/O 信号，通过观察信号指示灯的状态得出测试结果，并填写于表 4-4-7 中。

表 4-4-7　　　　　　　　　　机器人夹具 I/O 信号测试表

序号	项目	测试结果	问题
1			
2			
3			

三、整机测试

1. 根据工业机器人操作手册，进行自检和整机测试，并填写自检和整机测试表（表 4-4-8）。

表 4-4-8　　　　　　　　　　　自检和整机测试表

步骤	自检内容	自检和整机测试情况
1	是否确保操作安全	是□，否□
2	是否满足企业 "6S" 管理规定	是□，否□
3	是否确保每一个端口都检查到位	是□，否□
4	是否在低速下操作	是□，否□
5	设备是否正常运行	是□，否□
6	零部件工艺是否达标	是□，否□
7	现场是否恢复	是□，否□
8	废弃物品是否按规定处理	是□，否□
9	是否存在其他情况	是□，否□

2. PLC 作为精密控制部件，它对环境的要求非常高，试以小组为单位归纳总结 PLC 应用中需要注意的问题。

四、交付验收

按验收标准对控制系统故障检修结果进行试机验收，填好售后服务卡（表4-4-9），并存档。

表4-4-9　　　　　　　　　　　　售后服务卡

客户单位：　　　　　　　　　　派工日期：　　　　　　　No.

<table>
<tr><td colspan="2">客户姓名</td><td></td><td>客户代码</td><td></td><td>联系电话</td><td></td></tr>
<tr><td colspan="2">客户地址</td><td colspan="5"></td></tr>
<tr><td colspan="2">派单人员签名</td><td></td><td>消耗品去向</td><td colspan="3"></td></tr>
<tr><td colspan="2">维修人员签名</td><td></td><td>预约时间</td><td colspan="3"></td></tr>
<tr><td rowspan="6">维修情况说明</td><td>故障现象及原因</td><td colspan="5"></td></tr>
<tr><td>处理方法及结果</td><td></td><td>检验结论</td><td colspan="3">合格□，不合格□</td></tr>
<tr><td>完成时间</td><td></td><td>客户代表</td><td colspan="3"></td></tr>
<tr><td>未完工情况</td><td></td><td>服务满意度</td><td colspan="3">满意□，一般□，不满意□</td></tr>
<tr><td>备注</td><td colspan="5"></td></tr>
</table>

五、整理工作现场

按生产现场"6S"管理规定整理工作现场、清除作业垃圾，经指导教师检查合格后方可离开工作现场。

学习活动 5 工作总结与评价

 **学习目标**

> 1. 能展示工作成果，说明本次任务的完成情况，并进行分析总结。
>
> 2. 能结合自身任务完成情况，正确、规范地撰写工作总结。
>
> 3. 能就本次任务中出现的问题提出改进措施。
>
> 4. 能主动获取有效信息，展示工作成果，对学习与工作进行总结和反思，并与他人开展良好合作，进行有效沟通。
>
> 建议学时：4 学时

 学习过程

一、个人评价

按表 4-5-1 所列评分标准进行个人评价。

表 4-5-1　　　　　　　　　　　个人综合评价表

项目	序号	技术要求	配分/分	评分标准	得分
工作组织与管理（15%）	1	任务单的填写	3	每错一处扣 1 分，扣完为止	
	2	有效沟通、团队协作	3	不符合要求不得分	
	3	按时完成工作页的填写	3	未完成不得分	
	4	安全操作	3	违反安全操作不得分	
	5	绿色、环保	3	不符合要求，每次扣 1 分，扣完为止	
工具使用（5%）	6	正确使用工具	5	不正确、不合理不得分	

续表

项目	序号	技术要求	配分/分	评分标准	得分
资料收集 与使用 （10%）	7	能利用网络资源收集资料	2	每收集到一个知识点得1分，满分2分	
	8	能通过查阅工具书收集、整理资料	2	每收集到一个知识点得1分，满分2分	
	9	能运用办公软件编写工作总结并分享	6	能运用办公软件编写总结得3分，能在课上分享自己的总结得3分	
检修质量 （70%）	10	检修步骤正确	10	不正确不得分	
	11	PLC故障与I/O通信故障排除正确	40	不正确不得分	
	12	设备检修完成后能正常工作	15	检修后工作站仍然不能工作不得分	
	13	能正确填写售后服务卡	5	每缺或错一处扣1分，扣完为止	
合计			100	总得分	

二、小组评价

以小组为单位，选择演示文稿、展板、海报、视频等形式中的一种或几种，向全班展示、汇报检修成果。在展示的过程中，以小组为单位进行评价；评价完成后，根据其他小组成员对本组展示成果的评价意见进行归纳总结。

三、教师评价

认真听取教师对本小组展示成果优缺点以及在完成任务过程中出现的亮点和不足的评价意见，并做好记录。

1. 教师对本小组展示成果优点的点评。

2．教师对本小组展示成果缺点及改进方法的点评。

3．教师对本小组在整个任务完成过程中出现的亮点和不足的点评。

四、工作过程回顾及总结

1．在本次学习过程中，你完成了哪些工作任务？你是如何做的？还有哪些需要改进的地方？

2．总结完成工作站控制系统故障检修任务过程中遇到的问题和困难，列举 2 ～ 3 点你认为比较值得和其他同学分享的工作经验。

3．回顾本学习任务的工作过程，对新学专业知识和技能进行归纳和整理，撰写工作总结。

工 作 总 结

评价与分析

学习任务四综合评价表

班级：＿＿＿＿＿＿＿＿　　　　姓名：＿＿＿＿＿＿＿＿　　　　学号：＿＿＿＿＿＿＿＿

项目	自我评价 （占总评 10%）	小组评价 （占总评 30%）	教师评价 （占总评 60%）
学习活动 1			
学习活动 2			
学习活动 3			
学习活动 4			
学习活动 5			
协作精神			
纪律观念			
表达能力			
工作态度			
安全意识			
任务总体表现			
小计			
总评			

任课教师：　　　　　　　　年　月　日

世赛知识

世界技能大赛机器人系统集成项目

机器人系统集成是指根据工作任务的需要，将机器人系统集成（组装）到整体的过程。机器人系统集成的任务包括搬运、堆垛、装配、焊接、打磨等，从业人员通过任务分析、系统设计、设备安装等，通过系统控制器使其成为一个作业系统，并通过编程实现相关的作业流程，完成规定的任务。选手需具备机械系统设计、控制系统设计、多关节机器人操作与编程、传感器安装与应用、机械系统和电气系统安装与连接的技术能力，完成机器人与电力和其他自动化系统的电气连接、外围设备的集成、系统编程以及文档编制、设备维护和故障排除等任务。

项目对参赛选手的能力要求：

1．工作组织和管理能力。

2．沟通和交流能力。

3．布局和设计能力。

4．安装和连接能力。

5．自动化设计和编程能力。

6．调试、维护和故障排除能力。

7．文档和报告撰写能力。